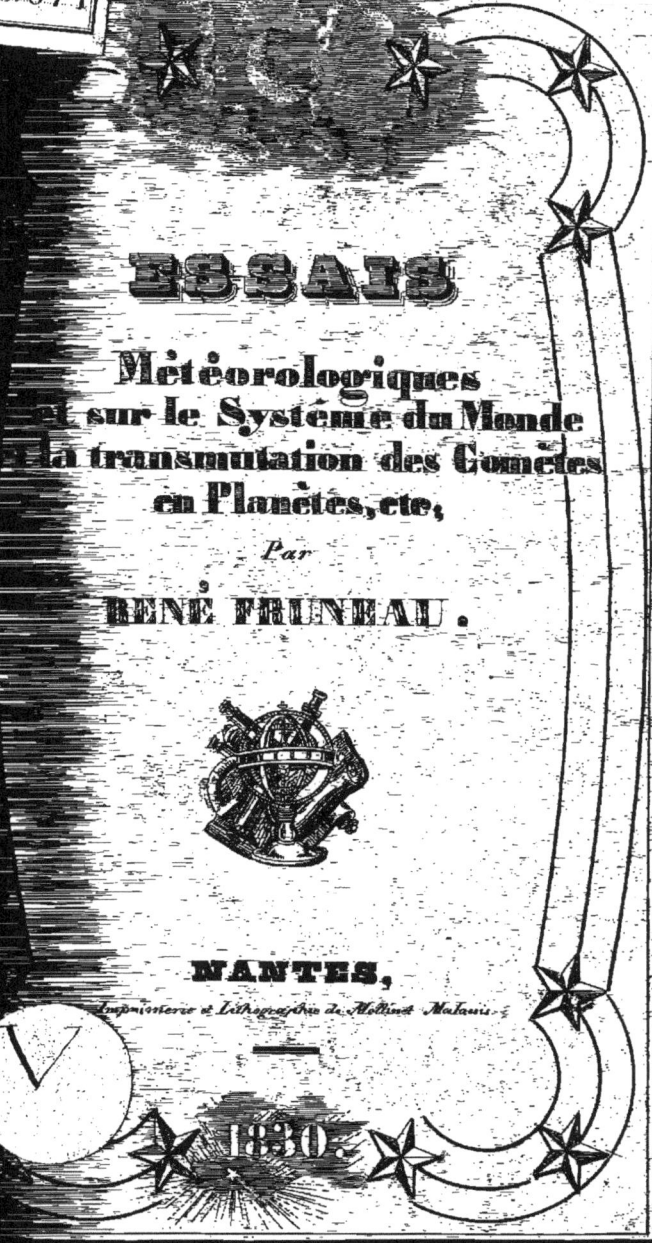

ESSAIS

Météorologiques et sur le Système du Monde la transmutation des Comètes en Planètes, etc,

Par

RENÉ FRUNEAU.

NANTES,

Imprimerie et Lithographie de Mellinet Malassis

———

1830.

ESSAIS

MÉTÉOROLOGIQUES

ET

SUR LE SYSTÈME DU MONDE.

ESSAIS
MÉTÉOROLOGIQUES
SUR LA
FORMATION DES BANCS DE GLACE ;
SUR LE
FOND DES FLEUVES, LACS ET MERS ;
SUR LES PREMIERS ÉLEMENTS
D'UN NOUVEAU SYSTÈME DU MONDE, ETC.

DE LA TRANSMUTATION
DES COMÈTES EN LUNES, EN PLANÈTES ET ÉTOILES,

RECEVANT DU SOLEIL LEURS LUMIÈRES
ET LEURS PREMIERS ÉLÉMENTS HISTORIQUES,
GÉOLOGIPHYSIQUES–PHILOSOPHIQUES
ET DÉCOUVERTES D'AÉROLITHES A LEURS SORTIES DE LA TERRE.

DÉDIÉ AUX SAVANTS,
PAR L'AUTEUR René Fruneau ,
NATIF DE NANTES, ANCIEN CAPITAINE DE MARINE, ACTUELLEMENT
PROPRIÉTAIRE A St.-AIGNAN , LOIRE-INFÉRIEURE.

Vir probus :
Defendere zoïlus.

NANTES , IMPRIMERIE ET LITHOGRAPHIE DE MELLINET-MALASSIS.

1830.

PRÉFACE DE L'AUTEUR.

Mes divers voyages en les contrées de
la terre les plus éloignées que j'ai parcourues
en ·marin géographe et négociant, avec
quelques principes élémentaires d'astronomie pratique, nécessaire aux navigateurs;
ces nombreux voyages, dis-je, me mirent
à même de voir et d'examiner beaucoup de
phénomènes que des hommes de grands
talents n'ont pas vus, pour ne s'être pas
trouvés, ainsi que moi, à portée de les apercevoir. Or, c'est après plus de trente ans
de navigation heureuse, dans ces contrées
les plus abondantes en météores célestes et
terrestres, que j'eus la pensée d'écrire sur
telles matières, lorsque j'étais sur les lieux;
mais je vis, avec déplaisir et regret, que
ma plume ne se prêtait pas à mes hautes
pensées; c'est alors que je soupirai sur les
nombreuses connaissances qui me man-

quaient, et je me proposai d'apporter mes
notes en ma patrie, pour les soumettre aux
savants ; mais ces notes, si précieuses pour
moi, furent toutes dévorées des flammes à
Manlile, en mil huit cent huit, lorsque j'étais
absent de ma maison, qui eut le même sort :
alors donc je perdis mes notes, mes cartes et
partie de ma fortune, qui m'avaient coûté tant
de peines et dangers pour les acquérir ; ayant
été volé, pillé par des scélérats de ces contrées insulaires, asiatiques et africaines ; ils
m'ont calomnié clandestinement lorsque je
n'étais plus sur les lieux pour me défendre.
Enfin, arrivé en ma patrie, déchiré par cette
calomnie, tel un inconnu, même en ma ville
natale ; mais je supporte ces vicissitudes,
et telles celles que l'on voudrait y annexer
(*adjungeres mendax*) avec mon impassibilité
naturelle que Dieu m'a donnée, et au milieu
de ces sourdes indignités, je me décidai à
écrire au fur et à mesure de ce que ma mé-
moire me fournirait, des réminiscences des
choses passées sur mes observations en tous
genres, non pour en retirer un salaire,

mais pour les philosophes appréciateurs des
travaux et des misères humaines, au profit
des sciences naturelles et physiques. Or, en
mil huit cent vingt-huit je fis imprimer à
Rennes, chez M. Marteville, mes *Essais
Météorologiques* à la suite du poëme bizarre
la Jobiane, en sept chants ; et, à Nantes,
des Précis Météorologiques, dans un petit
volume imprimé chez M. Mangin, en 1829.
Or, voilà encore quelques pages écrites en
un petit volume, qui y font suite (que j'offre à
mes lecteurs bienveillants) qui traitent de la
formation des glaces, sur les premiers éléments d'un nouveau systême planétaire, et
sur la transformation de comètes en planètes
que je suppose furent des comètes ; telles
celles qui roulent encore en l'immensité.
Astres qui, ainsi que les planètes du système
solaire en recevraient la lumière, et telles
toutes les étoiles. J'ose espérer que toutes
ces idées nouvelles seront accueillies bé-
névolement, tels l'ont été mes précis météorologiques, par quelques personnes sa-

vantes, qui ne s'attachent pas à ma dic-
tion, qui est celle d'un voyageur absent
de sa patrie plus de trente ans, qui ne
parla le français que quelquefois en ces
divers voyages, mais parlant et écrivant
toujours les langues étrangères, et dont mes
profondes études à Nantes, ma ville natale,
furent toutes nautiques, chez l'habile et honorable professeur Monsieur Levêque ; et,
lorsque j'eus fini mes cours je m'embarquai
pilotin pendant la guerre des Anglo-amé-
ricains, vers 1780, sur un navire de Nantes,
remplissant les fonctions d'enseigne hono-
raire jusqu'au cap de Bonne-Espérance ;
que là, j'entrai au service du Roi, volontaire
d'honneur de première classe, dépendant de
l'escadre du bailli de Suffren, et y restai
jusqu'à la fin de 1784 ; et ayant été à Manille
employé sur un bâtiment du Roi, commandé
par le chevalier Roche, mon protecteur, qui
me donna mon débarquement honorable pour
favoriser ma fortune, d'après la demande du
gouvernement des Philippines, ayant obtenu

de suite un commandement au service des
Espagnols en ces contrées et pour toutes
sortes de voyages ; d'ailleurs toutes les pièces
à l'appui. Enfin, revenu à Nantes, de ces
contrées, en 1815.

TABLE
ALPHABÉTIQUE
DES MATIÈRES DE CET OUVRAGE

POUR LA PROMPTE INDICATION

AUX LECTEURS.

Aérolithes, vus au sortir des montagnes, 102.
Astres, tous étaient comètes ou mers en leur principe, c'est de cette circonstance que l'on trouve
en la terre une énorme quantité de débris d'animaux marins de toutes espèces, etc., etc., 41.
Avalanches sont entraînées des montagnes par les
tourbillons s'élevant de la plaine au moindre bruit,
100. Bancs de glace, les tourbillons les forment
au sein des mers et rivières, 13. Cercles polaires
magnétiques, planétaires et célestes, ces derniers
passent au-delà des premiers. Cette assertion serait démontrée par l'aiguille d'inclinaison, qui
n'est pas en harmonie avec les pôles de la terre,

ni le serait avec les autres planètes, 91. Et je suppose qu'il faudrait passer au-delà des pôles planétaires pour que l'aiguille fût verticale, 93. Chaleur en le sein de la terre, 48. Cette chaleur extrême retient les mers jointes à elles et pressées d'ailleurs par le soleil, qui les y comprime l'une et l'autre ; ces deux forces sont l'attraction et la pression par affinité, qui sont les forces générales en l'univers, sans être exclusives, et tel est mon système, 88. Comètes, transmutation en planètes, etc., 41. Elles-mêmes sont des globes aqueux ou mers sur lesquelles le soleil lance ses rayons, qui nous les font voir brillantes telles des mers ondulées, ré-fléchies des rayons-solaires. Cônes ou tourbillons côniques, en lesquels les astres font leurs deux mouvements, pressés et retenus à la base des cônes par le soleil, qui est aux sommités de ces cônes, 54. Couleurs, trois en l'univers, qui sont les trois fluides que j'ai signalés, dont je suppose sont des électricités en fluides naturels, savoir le gris, fluide neutre, et le bleuâtre et le rougeâtre, ces couleurs, dis-je, diffèrent de celles de M. Newton, en son optique, 57. Distance des astres à la terre, pourrait ne pas être juste, en raison des parallaxes, 79. Électricités supposées, leurs couleurs sont visibles à la bougie d'une chambre bien close, échauffée même, 111. Le bleu signale l'humidité; le rouge, le vent ; le gris, fluide neutre, désigne le froid ; et, mêlés ensemble, signalent le brouillard. Je suppose que lorsqu'il y a beaucoup de lumière en une chambre, il serait difficile de retirer l'étincelle de la machine électrique. Voyez mes précis météorologiques, imprimés à Rennes chez M. Marteville, 1828; et, à Nantes, chez M. Mangin, 1829; dont je fis hommage à l'Académie Nantaise, en la même année; là je consigne ces circonstances. Electromètre pourrait, je crois, démontrer le fluide atmosphérique entre les tropiques, ou construire un instrument à cet effet 111. Fluides, leurs premières formations par l'eau, flux et reflux en l'atmosphère, entre les tropiques, faudrait un instrument sensitif pour le mesurer, le baromètre n'est pas suffisant III.

Glaces reçoivent les couleurs des deux fluides électriques, bleuâtre, et rougeâtre ; le premier est dissolvant à l'infini, et l'autre froid intense ; l'un et l'autre forment les aurores boréales et australes en tourbillons. Mais les aurores bleues désignent le dégel des masses de glaces, par les hautes latitudes : j'en ai parlé succinctement en mes Précis météorologiques *qui précèdent cet ouvrage*, 13. Gravité, le centre de gravité du soleil, qui est au centre de gravité de l'univers, 99. Homogénéité, ni hétérogénéité parfaite n'existent

pas en l'univers, 94. Igné fluide, l'âme de l'u-
nivers, forme tout et développe tout, 84. Lumière du soleil arrive aux planètes tel l'éclair,
par leurs tourbillons, 99. Lumière de la lune
n'est } pas celle que lui donne le soleil : elle passe
par un globe d'eau, de là elle est réfléchie à la
terre, 62. Lumière (la) du soleil est la seule en
l'univers et la communique à tout, 77. La lune
reçoit ses mouvements du soleil, telles les planètes ; elle est sans cesse perturbée de la mer
terrestre et de la sienne, 73. Magnétique, fluide,
un des premiers en l'univers, circule en l'orbe
en un mouvement de rotation, au-delà des pôles
terrestres ; les planètes suivent sa polarité, et
y sont retenues par lui en l'orbe, ainsi elles
consomment leurs mouvements en conséquence ;
enfin, tels nous leur voyons décrire, qui d'ailleurs
pourraient produire les variations de nos boussoles, par les différences de polarités célestes et
planétaires, combinés aux autres fluides neutres
gîsant en l'orbe et en l'atmosphère, 92. Newton
(M.) admet la mesure du degré terrestre de M.
Picart, pour ses calculs lunaires et terrestres, et
les planètes et leur pesanteur vers le soleil,
etc., 98.

Oscillations du pendule, seraient perturbés selon
moi par les fluides et les tourbillons de l'air en

DES MATIÈRES.

l'atmosphère terrestre, 74. Planètes, elles ont
presque toutes passé à l'action du feu solaire,
et mises par lui en ébullition; c'est alors que
se formèrent les montagnes et que les os d'a-
nimaux marins furent repoussés du centre vers
le sommet des hautes montagnes, etc., etc., 43.
Queues des comètes, est une vision mensongère
causée par les fluides gîsant en l'atmosphère,
spécialement l'électricité bleuâtre, 70. Semailles
de tout genre sont patentes en la terre, et en
les fluides atmosphériques, 87. Soleil fut formé
par les effluves lumineux qui sortirent des eaux
à la création du monde, 85. Il est continuellement alimenté par le fluide igné, l'âme de la
nature, 87. Les taches que l'on remarque au
soleil m'ont paru plusieurs globes telle la terre,
qui lui servent de lune et le rendent plus resplen-
dissant; ils sont au soleil ce que la lune est à
la terre; elle ne nous montre qu'un côté éclairé;
or, ces lunes solaires nous démontreraient toujours leurs côtés opaques, et leur côté éclairé
serait vers le soleil, à quelques variations près,
26. Son, le son nous arrive par des tourbillons,
100. Stagnantes (eaux) d'ou sortirent les fluides,
les feux et l'univers en sa création, 89. Théorie
de tous les astres dépendant des fluides gazeux.
mers, et du soleil, 74. Trombes de mer, et

FIN DE LA TABLE.

ESSAIS

MÉTÉOROLOGIQUES

ET

PHYSIQUES.

VOILA des essais Météorologique et Physiques, que je présente aux savants sur la formation pendant les nuits calmes d'hiver, des bancs de glace sur le fond des fleuves, et lacs d'eaux douces, et sur le fond des rivages maritimes, par les hautes latitudes et même en le sein des mers profondes, et souvent il s'en formerait aussi à leur superficie, par des masses de neige et je signale pour moteur les phénomènes que je vais expliquer. Les deux fluides électriques que j'ai déjà signalés, sous leur état naturel de fluidité de couleur bleuâtre et rougeâtre en s'enflammant avec des causes qui

(12)

leur sont étrangères, d'ailleurs, conserveraient
leurs couleurs primitives sus-désignées. Lesquels
fluides seraient, comme je l'ai dit ci-dessus,
disséminés en toutes les sphères de chaque
Planète et Comète, en étant les vrais protéés,
et même de tous les êtres vivants; et que
lorsque ces deux différents fluides électriques
seraient en perturbation en leurs tourbillons,
par leur même nature, c'est-à-dire, par trop de
compression d'elles-mêmes, alors tout ce qui
existerait aux environs de ces masses électriques
en perturbation agitant leur être, en ressentiraient
la commotion, depuis le plus petit insecte
jusqu'à l'homme; enfin, opérant en toute la
nature et ses êtres des crises salutaires au même
moment ou en sens contraire; certes cet exposé paraîtra tenir du paradoxe, mais j'ai observé
et médité sur ces phénomènes, et j'écris sur
leurs matières.

Nota. Cette électricité bleue verdâtre serait
celle qui entretient les sels et bitumes des mers
en leur état de fluidité; elle donne ou nous
fait voir la couleur bleue au ciel, et la même
couleur à la mer par réflexion et aux lumières
en l'intérieur des maisons.

PREMIER ESSAI

Sur les bancs de glace formés par l'air ou fluide gris glacial, qui, la nuit, s'aperçoit dans le cône lunaire, lorsque le froid est intense, telle l'électricité bleu-verdâtre aux approches des pluies, et telle l'électricité rouge aux approches du vent.

Les bancs de glace se formeraient au fond des fleuves, lacs, et des mers, par les colonnes plus que glaciales, tourbillonnantes d'un fluide grisâtre, s'élançant dans nuits calmes, du ciel vers la terre avec la rapidité du foudre, repoussées, par le fluide électrique rougeâtre, qui forme les aurores boréales, et ayant atteint le fond du fleuve, ou de la mer ; là ces colonnes plus que glaciales formeraient soudainement les bancs de glace spongieux et globuleux, et des figures circulaires ou elliptiques que leur auraient imprimées les véloces tourbillons. Enfin, la plus grande chaleur du fond, au degré de glace seulement et la convexité ou la concavité du lieu, aideraient la spontanée formation des bancs de glace, qui, pour un moment, y seraient adhérants ; même s'y fortifieraient ; mais s'élèveraient bientôt à la superficie des eaux, puisqu'il paraîtrait

que la figure cônique renversée, serait la plus
favorable à la formation des bancs de glace,
et que, dans une seule nuit de grand froid, et
les tourbillons moteurs encore plus froids agis-
sant du haut en bas, peuvent former des cônes
de glace de cinquante pieds de hauteur, ou plus,
avec une superficie circulaire, de plus du triple
de leurs diamètres; et formant ·même souvent
des petites isles de glace en se joignant à d'autres
au fond des fleuves et des mers et à leur superficie avec plus ou moins d'épaisseur selon
l'intensité du froid, et conservant leurs formes
circulaires ou elliptiques qui semblerait, leur
serait naturelles, jusqu'à ce que ces bancs de
glace seraient entraînés par le courant et les
vents, et même quelque fois, quelqu'un de ses
bancs de glace flottant, se manifesteraient à la
surface des eaux, sous la couleur de l'électricité
rougeâtre du fluide accélérateur, lui qui aurait
lancé de la région atmosphérique et glaciale
les tourbillons grisâtres des moteurs glaciales;
tel l'on a eu occasion de remarquer des bancs
plusieurs fois à la mer et dans les rivières teintes
de cette couleur, mais faut y faire attention
pour observer ce dernier phénomène, lorsque
le soleil brille.

SECOND ESSAI.

Sur la formation vers la fin de l'été, en automne et en hiver par les hautes latitudes, la
nuit en calme, des bancs de glace au sein des
mers à diverses profondeurs, où le degré de
froid est moins intense que les colonnes de l'air
glacial et tourbillonnantes, qui formeraient alors
la nuit en calme ses masses énormes sous l'eau,
sous des formes coniques (qui ressembleraient par
leurs formes à ses trombes tourbillonnantes qui
se forment en calme par l'air à la mer ébranlées;
par les électricités, cône dont la base serait vers
le ciel, ou comme renversé, comme je l'ai dit
plus haut). Bancs ou îles de glaces circulaires,
dont les sommités supérieures s'augmenteraient
en hiver, par l'adhérence des neiges et eaux dou
ces; mais ce que les trombes ou tourbillons
glacials auraient formé dans le sein des mers
profondes seraient de nature, tels les autres bancs,
épongieuses et globuleuses, tel, si sous un air plus
que glacial, l'on agiterait perpendiculairement
en un grand vase plein d'eau douce, une machine
à vent tourbillonnante, et la plongeant verticalement vers le fond du vase, alors la glace qui

s'y formerait, dans ce vase posé verticalement, serait de nature épongieuse, et globuleuse, avec à peu près la forme que celles qu'auraient élaborées à la mer les tourbillons glacials qui auraient été poussés par l'électricité rouge venteuse.

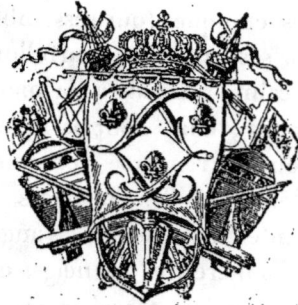

TROISIÈME ESSAI.

Des bancs ou îles de neige, qui, par leurs intérieurs sont semblables à celles formées sous les
eaux, et revêtues par l'extérieur de glace plus
compacte, qui s'y serait adhérée, en formant des
montagnes cilindriques à profondes bases, impo-
santes aux navigateurs.

Or, ces bancs de neige glacés, se forment en
calme à la mer sous le vent des îles et remous des
courants des caps, et par des vents violents poussés en tourbillons pendant l'hiver, et vers la fin
de l'automne, par les hautes latitudes, ainsi l'immense quantité de bancs ou îles de glace qui se
forment, tel je l'indique ci-dessus, seraient toujours la pierre d'échoppement pour les navigateurs,
vers les hautes latitudes : en effet, sur les côtes
nord de l'Amérique, d'Asie et de l'Europe, sur
leurs plages peu profondes, il se forme aussi sous
l'eau et adhérante au fond, une immense quantité de ces bancs de glace, tel je l'indique ci-dessus, par des tourbillons glacials ; et tel navigateur
se trouvant au soir sur ces côtes vers l'automne,
ou la fin de l'été, sur une mer nette de glace,
sur un fond de vingt à quarante brasses, se trouverait, dis-je, souvent le matin débordé sur tous

2

les points, d'une immense quantité de bancs de
glace sorties dans la nuit du fond des eaux qui
l'environnèrent, et même s'y trouverait engagé;
or, ce navigateur supposerait que ce sont les
courants ou les vents, qui auraient fait dériver les
glaces vers lui, ainsi de cette circonstance voilà
le découragement qui refroidit l'âme du navigateur le plus intrépide, et lui fait supposer qu'il
ne peut s'élever vers les contrées du N. ou vers
le S. ou l'E. et l'O. d'où les glaces flottantes
seraient venues à lui, quand à la vérité ces mêmes
glaces ce seraient formées en grande partie sous
ses pas, quelques nuits auparavant. Or, c'est
pour toutes ces causes, que je supposerais que
les isles ou bancs de glace existant vers le pôle
sud, se formeraient, telle je l'ai décris pour les
mers du pôle nord, et qu'indubitablement il doit
se trouver des terres antarctiques qui porteraient
peu de fond sur leurs plages maritimes, et même
des bas fonds de rochers et de sable, ou se formeraient spontanément par les tourbillons glacials
ces innombrables masses de glaces sur ces fonds
antartiques, berceau de la majeure partie de ces
glaces méridionales, que rencontre en ces hautes
latitudes le navigateur, et que celles formées dans
le sein de la mer profonde et par les neiges,
seraient les moindres, et que les unes et les
autres seraient chassées par les vents, de ce pôle

antarctique, qu'en fin plus rapproché de l'un ou l'autre pôle, les glaces seraient moins nombreuses. Or, il faudrait, selon moi, pour pousser les recherches vers ces pôles, se trouver déjà par les hautes latitudes vers la fin de l'hiver, pour profiter des premiers et favorables dégels qui s'opèrent à cette époque en ces hautes latitudes ; et l'on aurait le printemps et une partie de l'été pour les recherches ultérieures vers ces pôles : dégels enfin qui s'opèrent par des brouillards et petites pluies, et une atmosphère dont la température fait fondre en peu de jours et nuits les plus fortes masses de glace, sans que le soleil y soit pour peu de chose, et laisse au navigateur une mer libre ; et, chose étonnante, ce fluide sortant sans doute de la mer et de la terre en brouillard chaud, mettrait en dissolution les masses de glaces, la nuit comme le jour ; et, par la plus grande singularité, je ne dis pas seulement le thermomètre mais le baromètre monterait enveloppé de ce fluide brumeux et dissolvant dont la mer et la basse atmosphère seraient imprégnées, et porterait même l'hygromètre à son maximum, qui représenterait la surabondance du fluide électrique bleu verdâtre que j'ai signalé ; dont au dégel quelques masses de glace se trouveraient cette couleur, en les mers comme dans les fleuves.

QUATRIÈME ET DERNIER ESSAI.

Supposant que c'est l'eau douce qui forme les bancs de glace sur le fond des plages des contrées maritimes, et au sein des mers profondes par les hautes latitudes, et que l'eau pure de la mer serait supportée par l'eau douce.

Donc, les eaux douces occupent sans doute la superficie du fond des plages maritimes, et aussi celles des profondes mers, et je supposerais même que l'eau douce serait la base de toutes les mers, et la plus légère eau douce se mêlerait à l'eau salée; or, je supposerais aussi que c'est cette seule eaux douce qui se glace et forme ces bancs de glace sus-désignés, et que l'air renfermé dans ces bancs de glace d'eau douce, que leur aurait communiqué le tourbillon moteur, et en augmentant leurs volumes, contribuerait à les faire flotter sur les eaux, même sur celles de la mer, selon le plus ou moins d'air qu'elles contiendraient, quand cette même eau douce, en état naturelle, se tient sous les eaux des mers, et qui s'y mêleraient, lorsqu'elles sont agitées; mais toutefois la partie d'eau de mer qui pourrait se glacer, ne contiendrait aucune partie du bitume phosphorique et électrique que j'ai signalé ailleurs en

mes premiers précis météorologiques. Or donc,
pour éclaircir ce doute, l'on pourrai peser des
morceaux de glace et les comparer au poids de
l'eau salée prise à la superficie de la mer ; enfin
examiner si ces morceaux de glaces contiendraient
des parties brillantes et bitumeuses en leur sein,
qui est mon bitume phosphorique qui fait briller
la mer, ainsi que les *molusca et oniscus fulgens,*
de quelques savants. Enfin ce fluide qui brille et
monte de la mer à l'approche des mauvais temps,
qu'ailleurs j'ai désigné, et cela en toutes les latitudes, phénomène qu'en mes précis météorologiques j'ai désigné. Oui, certes, le résultat prou-
vera, je le suppose, en faveur des hypothèses
tracées ci-dessus, que je présente aux lecteurs
bienveillants, qui ne s'attacheront pas à mon
style pour en blâmer la construction, sans peser
avec impartialité la matière que je traite, supposant qu'elle leur sera agréable par les nou-
veautés météorologiques, les premières en ce
genre qui soient imprimées.

DESCRIPTION D'UNE TROMBE DE MER.

J'ai examiné de fort près à la mer le météore appelé trombe; il commence à se former quasi toujours en calme, son principe est un petit mouvement de rotation en spirale, ou tourbillon excentrique; et, lorsqu'il s'est formé une petite base circulaire sur la superficie de la mer, alors il commence à rouler sur lui-même avec plus de force en avançant et augmentant son volume en forme de cône dont la base est tournée vers le ciel; et puis, peu à peu ce cône, après avoir roulé sur lui-même, décrivant un cercle excentrique en spirale, il finit par parcourir une ellipse, et tout en décrivant cette courbe allongée en roulant sur lui-même et en s'élevant vers le ciel sur la perpendiculaire de sa base tournée de ce côté, et, en augmentant de volume, garde même une proportion; or, ce spirale cônique, ou tourbillon, augmente de volume en devenant compact, et sans éloigner sa sommité qui tient à la mer; et j'en ai vu quelques-uns qui, au commencement de leur formation, n'avaient pas trois pieds de circonférence à la base de leur cône, mais après deux heures de rotation et d'ascension, ayant parcouru plus de vingt lieues, avaient au moins

dix pieds de diamètre à la base de leurs cônes,
toujours vers le ciel, et suspendu alors de plus
de quarante pieds sur la superficie de la mer, où
tenait la partie supérieure du cône, alors ce
fameux météore, en spirale conique, pourrait
servir à prouver que chaque planète, étoiles,
lunes et comètes, pourraient être retenues en
leur position respective, par une semblable force
de rotation répulsive en partant du soleil ; et
que plus la planète serait éloignée de cet astre
solaire, plus le spiral conique serait volumineux
à sa base où se trouverait cette planète ; là elle
décrirait ses mouvements, retenue par la force
motrice innée du soleil en la partie inférieure du
cône, formant alors une ellipse, et de conformité, plus la planète serait éloignée du soleil,
plus ses mouvements seraient rapides et plus son
orbite serait grand ; or, voilà à peu près, la base
sur laquelle je fonde le système planétaire que je
vais expliquer, en donnant la même identité aux
tourbillons qu'aux spirals, puisqu'ils sont des
rotations du point central du cercle, d'où ils
décrivent en s'en éloignant, des aires excentriques
formant des cônes en s'allongeant du sommité
vers la base par un mouvement naturel, en
conservant leurs perpendiculaires vers le centre
de la terre, lorsque ces phénomènes sont des
trompes ou trombes.

AVRRTISSEMENT DE L'AUTEUR
SUR SON SYSTÈME PLANÉTAIRE.

Ce système planétaire que je présente , ainsi
que les phénomènes de la formation des glaces
que je viens de décrire , font suite à mes considérations météorologiques , écrites en vers et en
prose , sur divers phénomènes terrestres et célestes , qui paraîtront paradoxales, telles les bassins
que je suppose sur notre globe des tropiques aux
pôles , lesquels absorberaient la chaleur des rayons
solaires, en s'y concentrant ; et cette cause , selon
moi, contribuerait à la froideur ressentie vers les
zones tempérées ; indépendamment des autres
causes , que je vais tâcher d'expliquer.

Or , je crois à un principe constant que tout
dans l'univers roule en tourbillon ou spiral ;
donc , je pars de ce principe pour expliquer
physiquement la théorie de mon système planétaire dans ses premiers éléments ; sans que la
matière et les tourbillons cartesiens n'aient accès
dans ses éléments , ni même les lois de Képler ,
et la gravitation Newtonnième , pour expliquer
en extrait ma théorie toute nouvelle , de mon
hypothèse solaire , que je soumets aux savants.

PREMIÈRE SECTION SUR LE SOLEIL.

Le soleil est une lumière ardente, diaphane, à l'infini ; mais à nos sens elle se présente telle la lumière que cet astre nous renvoie, par une lentille de verre, où il réunit en petit un trait de ses rayons solaires, èt ce globe admirable de lumière, que Dieu créa pour sa gloire, et éclairer l'orbe entier, ne pouvait pas exister seul ; en effet, avant lui existait le fluide gazeux igné, extrêmement diaphane et dilaté, ou la matière gazeuse primitive créée en l'univers ; fluide vivifiant, qui fut sans doute créé avant la lumière du soleil. (Et l'esprit de Dieu était répandu sur les eaux : *Genèse*). Certes, nul doute que ce gaz igné était ce grand mobile fort et puissant comme son auteur ; fluide qui, mêlé aux rayons solaires, les projecte à l'infini vers la terre les étoiles et les autres planètes et comètes. Gaz enfin très - dilaté, diaphane et projectif, sans être lumineux, qui presse et entoure le soleil, circulant aussi en le système planétaire ; étant de nature analogue à la lumière du soleil ; gaz enfin qui se rassemble en masse sur cet astre solaire (par sympathie, comme deux être, tels l'aimant et le fer, ou lumière avec lumière), et lui com-

munique les mouvements de rotation qu'il communique à toutes les étoiles, planètes, lunes et
comètes, tel je l'expliquerai ci-après.

Et quant aux taches que l'on aperçoit sur le
soleil, ce sont des globes mal formés et plus ou
moins grands que la terre, et ils pourraient être
habités; ils sont composés de matière terreuse,
friable, et en partie vitrifiés, mêlés à des scories,
ils suivent le tourbillon solaire, étant en son
atmosphère; et ils lui servent de lunes. Le soleil
ne les éclairant que de la face qui le regarde, et
telle la lune à l'égard de la terre par comparaison; et ces lunes donnent au soleil cette lumière
resplendissante que nous lui voyons par réflexion;
telle lui-même la donne aux étoiles par réfrengi-
bilité, dont ailleurs je parlerai.

NOTE EXPLICATIVE
DES FLUIDES SOLAIRES.

Or , ces deux fluides solaires et gazeux , men-
tionnés ci-dessus, compriment les feux terrestres ;
et telles aux autres planètes, tout en leur com-
muniquant leurs chaleurs , et qui participent
essentiellement à la reproduction des êtres , et
formation des minéraux. Fluides lumineux, quand
ils sont combinés , qui n'ont nul rapport , même
séparément , au feu que nous connaissons , et
que même les rayons solaires le compriment
jusqu'à l'étouffer , si le vent n'y met opposition ,
et le tiennent, ainsi que nos lumières en langueur,
dont il n'ont nulles connexités avec ces deux gaz
extraordinaires qui composent le moteur solaire.
Levier universel qui meut toutes les planètes ,
étoiles , lunes et comètes ; tel je vais l'expliquer.

DEUXIÈME SECTION SUR LE MÊME.

En effet, le globe du soleil, par l'assistance du fluide gazeux igné, qui n'est pas l'éther des anciens philosophes (qu'il ne faut pas confondre aux deux fluides électriques dont je parlerai) serait la source des rayons progressifs qui se porteraient du soleil sous divers angles, vers les planètes, lunes, comètes et étoiles, avec plus ou moins de forces tourbillonnantes selon la quantité du fluide gazeux igné, qui, comme je l'ai déjà dit, serait mêlé à la lumière fluide et brûlante du soleil ; or, de ces causes variables, doivent résulter des inégalités en le mouvement des planètes. Conséquemment, tous les mouvements d'aberration des planètes auraient lieu d'ailleurs, par la même cause que ceux que souffrirait le soleil en ses deux mouvements de rotation sur lui-même, et en un petit ellipse, qui serait de la dimension du cône en sa partie supérieure, qui serait aussi la partie supérieure du tourbillon ; et, enfin, ces tourbillons qui partent du soleil dirigeraient en tout point les planètes, lunes, comètes et étoiles, en leur mouvements de rotation et orbiculaire, selon le plus ou moins que seraient applatis les tourbillons coniques, ou la pression extérieure des fluides ;

en conséquence, rendant plus ou moins leurs bases elliptiques, selon les angles qu'ils formeraient avec le soleil, relativement aux planètes, et de leurs distances respectives du foyer solaire; et ces tourbillons côniques de la matière deviendraient plus ou moins véloces, selon la distance qu'ils auraient à parcourir jusqu'aux planètes, partant du soleil, selon la loi des tourbillons; alors de ces circonstances elles auraient des mouvements inégaux de rotation sur elles-mêmes, et en leurs orbites; et des inégalités de mouvement de rétrogradation; et selon les perturbations qu'elles recevraient par le plus ou moins de pression des tourbillons intérieurs et extérieurs du cône, qui leurs donneraient leurs mouvements variables; tourbillons, enfin, qui tenderaient à rétrograder (1) à leur sommets, qui est naturel au

(1) Le tourbillon de vent à la mer, se forme circulairement, et ensuite s'allonge, par ses tangentes, sous la forme elliptique qu'il parcourt; donc, de cette circonstance résulte que les planètes décrivent des ellipses en la base du cône tourbillonnant; donc, dans les autre systèmes, l'on a de la peine à s'en rendre raison : voyez description d'une trombe en tourbillon, en mes précis imprimés chez Mangin en 1829. »

tourbillon, quand il n'est pas comprimé par une
cause, telle celle de la force projective venant du
soleil ; force qui même pourrait avoir quelques
moments d'inertie. D'ailleurs, le gaz igné mentionné, projecteur de la matière solaire vers les
planètes, pourrait y être en grande quantité, et
leur causer aussi des rétrogradations, selon la
force du flux et reflux de cette matière, qui rou-
lerait séparément entre les planètes en tourbillon (1), qui est la nature universelle ; alors les
tourbillons solaires combinés qui font mouvoir
les planètes, en seraient froissés ; or, de cette
circonstance des anomalies sans cesse renaissantes
que l'on remarque aux planètes vues de la terre,
mais qui ne détruisent pas le fond de mon systême, que j'explique à la vérité bien succinctement, en sa théorie physique et peut-être con-
fusément par mon peu d'habitude à écrire sur
telle matière ; or, je vais expliquer une com-

---

(1) Eh ! que l'on me démontre donc comment la
terre et les autres planètes peuvent rouler dans la
vélocité de leur révolution, si elles n'étaient pas entraînées par la force quasi incommensurable de leurs
tourbillons et de la matière. (Matière qui, selon
ma pensée, n'ayant que notre âme pour comparaison
fluide enfin qui est effectivement l'âme de la nature
entière ; cette explication est toute métaphysique.)

paraison en faveur de ce système. Tels des courants de localités, qui, tourbillonnant entre des
îles, entraîneraient des masses flottantes, dans
leurs eaux, qui sortiraient de divers canaux de
ces îles, leur donnant diverses directions de rotation, sans cependant faire sortir ces masses du
grand tourbillon moteur, imprimé par le flux
et reflux de la mer, qui embrasseraient ces
îles ; et tel en effet, un gros vaisseau chargé,
gisant dans un courant ; il est entraîné par ce courant avec plus de vitesse qu'un petit ; mais je
le dis encore, ceci n'est pas la loi de gravitation,
ni de pesanteur ; c'est un objet qu'un fluide
tourbillonnant emporte plus ou moins rapidement,
selon son volume, et lui fait parcourir plus de
chemin, selon la force du courant tourbillonnant ;
et telle est ma loi sur les planètes, en les fluides
qu'elles parcourent en suivant l'impulsion du tourbillon ; enfin, tels des violents tourbillons et
lits de courants, que j'ai remarqués au sortir de
quelques grands détroits donnant sur les mers,
et qui y sont perpétuels, en les flux et reflux,
et dans une mer profonde et sans fond, tourbillons de plus de vingt lieues de circonférence,
qui retiennent en leur sein, à distances diverses,
(sans leur permettre de s'éloigner du mouvement
général du grand tourbillon), les objets flottants

de toutes dimensions qui gisent en son sein ;
or , le courant, ou tourbillon moteur, les faisait,
par son impulsion , tourbillonner sur eux-mêmes ,
et les plus volumineux de ces objets flottants
avaient un certain mouvement d'aberration projectif par leurs tangentes , que les plus petits
n'avaient pas , et tous étaient retenus dans le
lit de courant , tournoyant sur eux-mêmes ; en
suivant le cours du grand tourbillon , quelques-
uns de ces objets tourbillonnaient ainsi , sur sa
partie la plus excentrique du grand tourbillon ,
qu'ils parcouraient en cercles quasi elliptiques ,
et d'autres plus concentriques suivaient aussi en
harmonie et concentriquement leurs divers tourbillons , et tous tournoyaient sur eux-mêmes
(comme il est expliqué). Enfin , le flux revient-
il , alors le tableau change avec une rétrogradation uniforme , sans déviation sensible dans les
objets flottants , les uns vers les autres ; et ainsi
tous les jours et à toutes les marées , le même
phénomène se remarquait , à moins qu'il n'y eût
quelques tempêtes. Or, je vais donner un exemple :
en mil sept cent quatre-vingt-treize , premier
officier sur un vaisseau de deux mille tonneaux,
qui échoua sur une roche , à l'entrée du grand
détroit Saint-Bernard aux Philippines ; or, comme
nous supposions que le vaisseau se serait brisé,

l'on construisit à la hâte un grand radeau de
quatre-vingt-dix pieds de long sur trente de large,
avec nos bas mâts brisés et ceux de hunes, et
autres espares, planches, etc. ; et à quatre heures
du soir, la mer filant quatre à cinq lieues à
l'heure, j'allai examiner si ce radeau était solide,
pour recevoir les quatre cents hommes de l'équipage du vaisseau ; mais la mer était houleuse,
une lame brisa la corde qui retenait le ras au
vaisseau ; alors, comme un éclair, ce ras fut
emporté avec vingt hommes dont je faisais partie,
sans vivres, ni mâts, ni avirons, et je perdis le
vaisseau de vue et même la terre; je voyais le
ras tournoyer sur lui-même dans le violent tourbillon ; enfin, le flot étant revenu, le radeau prit
une autre allure en rétrogradant vers le vaisseau
que nous n'apercevions pas, le supposant au
moins à dix lieues, ainsi que la terre, dont du
seul volcan Bouluzan apercevions la fumée ; et
le radeau continuant à tourbillonner sur lui-
même et dans un sens opposé, et suivant le
cours de la marée montante, qui était vers la
pleine lune ; et de la pluie en abondance ; enfin
à trois heures du matin le radeau aborda notre
vaisseau échoué sur une roche sans fond que
très-près ; l'abordage fut effrayant ; le courant
filait déjà quatre lieues à l'heure ; je remarquai

3

que le radeau avait parcouru le cercle intérieur du ras de marée où le vaisseau était placé, et avec ce radeau si heureux, sauvâmes le vaisseau, nos bateaux s'étaient brisés. De cette circonstance, je conclus que les planètes pouvaient, dans la matière fluide gazeuse et ignée, avoir un semblable mouvement tourbillonnant, par la participation du soleil moteur du foyer général, qui leur donnerait des lois ainsi qu'au flux et reflux de la mer, et donnerait à ses planètes des tourbillons, en lesquels elles consommeraient leurs diverses révolutions.

COROLLAIRE

DES DEUX PREMIERS CHAPITRES.

Donc le soleil, par le principe général des tourbillons, qui continuellement reçoit les émanations des sources et irriadiations de la lumière ou
fluide gazeux igné, fluide mêlé au fluide solaire, de-
vient lumineux, et qui par une éternelle loi,
se projecte de l'empyrée sur le soleil, par la
base d'un immense cône tourbillonnant (mouvement qui presse tous les fluides quelconques), qui
arrivant par temps égaux, au globe du soleil,
qui là occupe majestueusement la sommité de ce
cône ; or, par cette loi de pression, en tourbillon, le soleil roule sur lui-même, et en son petit orbite, qui n'est que le sommité du cône,
là, le fluide igné lui imprime ainsi qu'à la matière radieuse du soleil ses mouvements de rotation ; et alors le soleil par cette même loi,
la communique aux tourbillons des planètes, aux
lunes et aux globes aqueux des comètes, et également
ment aux étoiles, en dès tourbillons divers et re-
pulsifs des deux matières, dans des cônes de différentes capacités, qui, réunis en faisceaux, aux
sommités desquels le soleil est placé, par la même
loi qu'il reçoit de l'empyrée du fluide igné, mais

en raison inverse ; puisque c'est de sa sommité qui
regarde tous les cônes planétaires , qu'il communique aux planètes , lunes , comètes et étoiles , la
loi général, ou du premier moteur tourbillonnant ;
or, en effet , voilà , je suppose , comme le soleil
dirige notre système planétaire , qui roule dans
la matière , que je nomme l'âme matérielle de
l'univers , et qui suit aussi la loi générale et qui
participe même des aberrations de l'astre brillant du jour , selon les lois de plus ou moins
d'accélération , que lui influe le fluide gazeux
igné , de conformité , que selon des principes
plus véloces ou d'inertie de cette matière gazeuse ,
projectant sur le soleil en s'élançant de l'empyrée,
et qui se réunirait par affinité , à celle du soleil ,
et cet astre tendrait continuellement en son tourbillon , à remonter vers le principe moteur
d'où lui vient la matière , et les planètes par la
même loi , qui serait la loi générale des tourbillons , tendraient à se rapprocher du soleil.
*Par comparaison , tel un tourbillon qui se forme
dans une plaine , tend à remonter , et même re-
monte , lorsque la force motrice de projection de
l'air vers la terre ne le retient pas à sa base tourbillonnante.* Enfin , par une loi contraire et projective , qui serait dépendante d'un flux et reflux plus ou moins accéléré de la matière ga-

zeuse ignée , le soleil pourrait même se projecter
en avant , par une immense chaleur tourbillonnante vers les diverses planètes , et les approcher tellement qu'elles pourraient être mises alors
en fusion , et même le soleil pourrait , rassem-
blant sur quelques unes d'elles, tous les rayons de
la matière solaire combinée, ou fluide gazeux igné;
or , ce fut peut-être par une cause semblable ,
que le soleil changea ce dit-on de situation , par
rapport à la terre et aux autres planètes , s'étant
levé pour la terre où il se couche actuellement
deux fois pendant le cours de onze mille trois
cents quarante ans , selon ce que racontèrent les
prêtres égyptiens à Hérodote ; circonstance extraordinaire , que cet historien nous a transmise
en son second livre , dit d'Euterpe.

PREMIÈRE RÉFLEXION.

L'on pourrait m'objecter et demander comment les tourbillons des planètes et comètes, venant du soleil, peuvent-ils parcourir une si énorme distance qui existe entre l'astre solaire et la planète Uranus la plus éloignée des planètes ; oui , en vérité , ceci est merveilleux ; mais que l'on considère que les fluides moteurs , provenant du soleil , suivent le cours des tourbillons , et qu'ils reçoivent aussi ses lois ; donc le tourbillon et la matière sont intimement liés et enchaînés ensemble par le soleil, qui leur imprime leurs mouvements par la force innée qu'il a reçue de la nature. Quoi ! serait-il moins puissant, cet astre du jour , que le petit tourbillon de courant , que plus haut j'ai signalé , qui retient tant d'objets divers en son tourbillon orbiculaire , et qui suivent la même loi que celle de mes tourbillons solaires, en toutes leurs facultés. Eh ! qui communique à ce courant tourbillonnant cette force motrice, telle que celle dont est douée le soleil, l'on répondra : c'est l'âme matérielle de la nature ! à la vérité mes sens ne peuvent en donner une théorie satisfaisante que comme probable, cependant je méditais, ayant l'objet sous mes yeux , et je n'ai jamais pu concevoir tel

phénomène. Donc cette dissertation abrégée sur
cette matière , répondra à l'objection que l'on
pourrait me faire sur mon système planétaire,
dont toute sa force est le tourbillon excentrique
effectué en des cônes de diverses capacités cubiques,
dont chaque planète occupe la base du cône qui
a son sommet dans le soleil, qui lui influe l'instinct matériel.

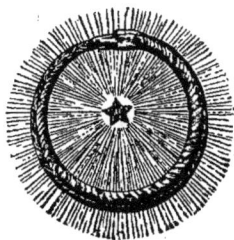

DEUXIÈME RÉFLEXION SUR LES COMÈTES.

Certes, il n'y a point de doute, que de grandes
révolutions ont eu lieu dans notre système planétaire, mais à quelle époque ? Sans doute du temps
de Noé, ou de Deucalion ; et quant à la terre, certes
je supposerais quelle a fait sur elle un demi mouvement de rotation, du S. O. au N. E. , en
changeant l'aspect des pôles et des climats. Serait-
ce à dire que les terres d'Afrique tombèrent en
Sibérie , mais hypothétiquement parler , je ne
suppose pas qu'il y ait eu un déluge universel,
si non partiel. En vérité , ce qui ne paraîtrait pas
une supposition , serait que toutes les planètes
étaient comètes au principe de la création , et
que ces comètes étaient autant de globes d'eau
de différentes grandeurs qui remplissaient l'abyme,
en lesquels globes aqueux se trouvaient des poissons , des cétacées , des monstres marins , et
enfin de toutes sortes d'espèces de coquillages,
madrépores , polypes , et qu'enfin , l'eau a tout
composé.

GENESE.

CHAPITRE PREMIER.

Dieu dit : *Qu'il soit fait un firmament, qui sépare les eaux d'avec les eaux, et que les eaux qui sont sous le ciel, soient assemblées en un lieu, que le sec apparaise : Dieu appela le sec terre, et l'ensemble des eaux mers.*

Et que ces globes aqueux d'eau de mer, par la force éternelle des tourbillons, que Dieu donna à la matière, à la création du monde, parcoururent des milliers d'années, l'espace immense de l'empirée, dans le fluide igné, où l'âme matérielle de l'univers, qui serait préexistant au soleil même; et ces comètes après avoir englobé la chaleur de la matière ignée, alors des plantes aqueuses s'y accumulèrent, et ces plantes servant d'aliments aux poissons, et ces comètes devinrent enfin une matière fluctueuse et gazeuse, et l'eau se retira peu à peu dans les bassins, où profondeur de ces globes, qui sont les mers des planètes actuelles telles que celle qui entoure la terre; en effet, les tourbillons que Dieu leur communiqua, et qui donnent le mouvement aux planètes, mouvement venteux qui devait les dessécher, en les retirant de l'abyme, et en faire des globes

terreux selon la Genèse : à la voix de Dieu ! Or,
ces comètes, ou globes aqueux, au fur et à
mesure qu'elles prirent la consistance visqueuse,
et ayant moins d'étendue d'eau, alors une énorme quantité de monstres marins, dont l'espèce
peut s'être perdue, des poissons et cétacées de
toute grandeur, coquillages, et toutes les autres
espèces, qui sont devenues fossiles calcaires ensuite, par la fusion, furent enfouis en cette
matière visqueuse et primitive des comètes,
viscosité résultante en partie de la décomposition
de leurs plantes marines, des sédiments terreux
et des effluves salins, qui se précipitèrent continuellement sur les noyaux de ces comètes :
et s'y adhérèrent par leurs tourbillons, telles des
eaux salées avec des mélanges hétérogènes en
leur combinaison prennent de la consistance.
Or, ces planètes (dont j'explique ci-dessus le
système de leurs formations) acquirent de plus
en plus, comme je l'ai dit aussi, de la consistance; enfin, en leurs vagabonds mouvements,
en tourbillons circulaires et paraboliques, ou
elliptiques ; or par un fort remoux de courant
du fluide igné et du fluide magnétique et de la matière solaire et des autres planètes et ces comètes
entrèrent successivement en le tourbillon général
du système planétaire, prirent différentes situa-
tions entr'elles, et à des distances diverses du

soleil, qui les retint alors sur leurs lignes magnétiques et en son véloce tourbillon à leur sortie de
l'abyme, et reçurent alors les grandes lois solaires,
qu'elles ont par rapport à cet astre, mais par une révolution, telle je l'explique ci-dessus, le soleil les ayant
approchées ou lancé sur elles en leurs atmos-
phères, un amas considérable de sa lumière
brûlante , où ces planètes s'étant rapprochées
du soleil, alors la chaleur progressive de tous
les foyers solaires, les mit en partie en fusion,
spécialement les lieux hors des eaux ; donc encore une grande mortalité des animaux marins
en les comètes ; donc du centre des comètes ,
par l'ébullition de la matière, alors des montagnes se formèrent ; telle on le remarque dans
une chaudière de bouillie épaisse, mise sur un
grand feu, il en sort à la superficie des protu-
berances côniques, qui ressemblent du grand
au petit, à des volcans. Que l'on me pardonne
la comparaison, mais je parle en ancien marin,
et non comme un physicien géologue, cependant
la comparaison me paraît identique. S'ensuivit
la même loi pour toutes les comètes; et les
fragments d'animaux marins, coquillages, polypes, madrépores, et d'autres matières, furent
repoussés des entrailles des comètes, et formèrent les montagnes, par un reflux violent

vers le ciel , des matières bitumeuses et gazeuses,
telles en sort des volcans, spécialement en leurs
premières irruptions ; et même des torrents d'eau,
et laves qui formèrent par leurs courants rapides,
des vallons , enterrant çà et là des monstres
marins et autres objets de ce genre. Or, tous
les débris d'animaux marins, que l'on trouve
dans les montagnes, par couches, et mêlés à
des matières calcaires et autres de notre globe,
sont des preuves indubitables de la plausibilité
de mon hypothèse, à l'égard des comètes et
planètes, etc.

Telles d'obscures nuits, de maintes fortes tempêtes
Nous font voir des vaisseaux figurant des comètes ,
Par tourbillons roulés sur le fluide aqueux ,
Un courbe traçant sous la voûte des cieux ,
Tout en brisant les flots, font rejaillir des feux;
Neptune s'enorgueillit de son trône radieux.

Des astres vagabonds , c'est vraiment le système ,
Parcourant l'empirée, la parabole extrême ;
Monstre sortant du chaos, de queue et chevelure ;
Leurez donc l'optique , souvent outre mesure :
Par le fluide aqueux, s'élevant de la terre ,
Nous fait voir le ciel bleu tout ainsi que la mer.

Or voilà , il me semble, mon hypothèse sur les comètes résolu physiquement, pour les débris des os des animaux marins et autres espèces inconnues , trouvés sur notre globe, et que l'on aurait confondu les ressemblances d'animaux terrestres avec les marins; enfin, où sont donc les ossements humains qui l'on devait trouver , si c'eût été par un déluge partiel ou universel , que ces monstres marins et coquillages furent enfouis sous la terre , à moins que ce serait la révolution que je signale ci-dessus , qui s'est opérée lentement sur notre globe depuis la création de la terre , du S.-O. au N.-E. alors les montagnes, devenues des caps dans la mer , et les caps devenus montagnes, révolution qui changea obliquement la position de l'axe de la terre , cette catastrophe aurait enseveli nombre d'animaux marins , dont les os se trouvent sur notre globe, ainsi que ceux des animaux terrestres supposés ; mais où sont les ossements humains ? Oui , certes, si véritablement l'on trouvait des dents d'éléphant en Sibérie , et que des ossements humains se trouveraient en différentes parties de la terre, alors ce serait la preuve d'un déluge, sans détruire mon hypothèse sur les comètes; mais la mer a produit et produit encore ces énormes animaux marins qui ont des dents telles que celles des éléphants, et d'autres et des cornes d'un aussi bel ivoire , et combien d'espèces dont la race serait perdue , spécialement dans les mers du nord.

Certains sauvages de ces contrées polaires , croient, en leur théogonie , qu'il sont descendants de ces monstres marins , spécialement des lions marins, qui ont un grand instinct; enfin, que tous les animaux terrestres qu'ils connaissent , seraient sortis de la mer.

TROISIÈME SECTION.

Mais à des principes émis ci-dessus , j'en pro-
duirais plusieurs autres , en commençant par dire
que je suppose que c'est seulement du centre du
soleil , que sortent les foyers de sa lumière , et
augmentent en volume par l'effet du fluide gazeux
igné , mentionné ci-dessus , et telle la lumière
cônique d'un flambeau dirigeant sa flamme vers
les planètes , et que par l'effet de la matière gazeuse ignée , qui lui fait une atmosphère quoique
dilaté , le soleil paraît plus grand qu'il n'est véritablement suivant les lois de réfraction , et que
d'ailleurs , les lunes qui se trouvent dans l'atmosphère du soleil , communiquent à cet astre
une lumière vive , qu'elles reçoivent du soleil, tel
je l'ai déjà dit : enfin , pareille à celle que renvoie
le soleil à des vitrages de maisons , lorsqu'il est
radieux , ce qui est une illusion la plus com-
plète , ces circonstances augmentent encore son
volume ; tels enfin les rayons du soleil réfléchis
dans un grand globe solide de verre convexe suspendu en l'air, vu dans le lointain qui tient du merveilleux, telle que la décomposition de la lumière
qui trompe nos sens. D'ailleurs, comme cette
lumière du soleil qui domine toutes les planètes , et même les comètes , cette circonstance contribue à leur donner à nos yeux , par

les lunettes d'approche ou télescopes , des formes
différentes de celles qu'elles ont en effet et souvent
les représente doubles. D'ailleurs les électricités ré-
pandues en notre atmosphère et autres fluides
changent les vues des objets terrestres et célestes. C'est la plus stricte vérité. Des circonstances relatées ci-dessus , le soleil ne projectant la lumière que de son centre , en forme
de lumière d'un flambeau , dont la sommité est
tournée vers les planètes en l'écliptique ; c'est par
ce motif que les grandes chaleurs se trouvent en
les zônes torrides, puisque la chaleur du pourtour
de la lumière du soleil , n'est que peu extense et
peut se comparer , en petit, au pourtour de celle
de nos bougies , en comparaison de la flamme
de leurs sommités ; ces causes font qu'en les zônes
tempérées , la chaleur n'est pas si intense , selon
l'obliquité du foyer solaire et des concavités qui
se trouvent en ces zônes tempérées ; qui , avec
les causes susdites , absorbent presque toute la
chaleur solaire, plus l'on approche des pôles; mais,
par l'effet de la chaleur brûlante que le soleil réfléchit sur les zônes torrides , la terre , telle une
éponge , pompe par ses pores cette chaleur, et de
proche en proche , la communique aux contrées des zônes tempérées , même quelquefois
jusqu'aux environs des pôles ; chaleur qui serait même propagée par l'atmosphère et la

mer ; et ces motifs, souvent, font apercevoir
la végétation, même avant le printemps, par
les hautes latitudes, et ces mêmes causes font
les hivers et les étés, plus ou moins chauds
ou froids, dans les zônes tempérées, selon ce
que la terre entre les tropiques a été plus ou
moins réchauffée; en effet, tout dépend des
localités; et, certes, selon moi, les pluies abondantes en les zônes torrides; font les hivers ri-
goureux, en les zones tempérées et insupportables
vers les pôles; et si, en ce-temps là, la terre
à son apogée du soleil, ne produit point de
chaleur sensible à notre planète, ce n'est pas
surprenant, puisqu'en ses mouvements, selon
moi, en hiver la terre s'approche du soleil, en raison
de son rapprochement vers le pôle céleste, ne faisant
d'ailleurs aucun chemin pour se mettre au foyer
solaire, qu'elle n'approche, que parcourant un
côté d'un triangle équilatéral renversé, en forme
de cône, là le soleil occuperait le centre de la
base de ce cône; or, donc la terre laisserait
de côté les directs rayons solaires, qui tom-
beraient du soleil sur la perpendiculaire de la
sommité de la base du cône, où se trouve le
soleil, et cette ligne perpendiculaire, serait les
rayons solaires projectant sur l'équateur terrestre;
qui couperait en angles droits le triangle équilatéral, figure que je prends pour rendre facile

4

aux lecteurs ma démonstration problématique;
donc alors la terre ne recevrait que la chaleur
excentrique du flambeau solaire, qui n'est quasi
rien, comparée de la chaleur directe, que le
soleil projette de sa hauteur, quasi en angles
droits, sur les zônes torrides, ou les points de la
terre vers l'écliptique : là se projectent sans
cesse les tourbillons de lumière du soleil : les savants
me pardonneront, si je n'explique pas ces
hautes considérations avec plus de méthode et
de clarté, et des démonstrations plus rigoureuses.

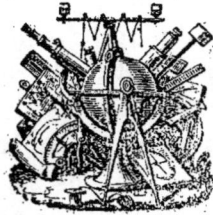

DEUXIÈME COROLLAIRE.

Sur les mêmes versions désignées en les autres
sections, et même les reproduisant, entendu
que je les considère comme liées ensemble, pour
en déduire le plus clairement possible, même
en me répétant, l'explication de mon système.
En conséquence de la chaleur que le soleil
transmet aux planètes, lunes, et comètes, il
doit avec le fluide igné gazeux, dont j'ai déjà
parlé, avoir une autre qualité plus puissante;
puisqu'ainsi que les autres il émane de la volonté
du Créateur; en effet, cette lumière tourbillonnante (principe de tout, l'âme matérielle de
tout) contiendrait les planètes, lunes, et comètes
au plus étendu de leurs tourbillons, c'est-à-dire
en la base de leur respectif cône; là le soleil
enchaînerait ses astres, en leurs orbites elliptiques, qu'elles parcouraient en temps inégaux;
selon la vitesse des mouvements tourbillonnants
que le soleil produirait sur chaque planète; en
chaque planète, en raison du plus ou moins
d'éloignement du foyer solaire, et de la force
croissante des tourbillons; selon les plus grandes
distances qu'ils parcourent; en conséquence,
chaque cône de chaque planète aurait une ca-

pacité en ses racines, plus ou moins grande,
et pourrait, par le calcul des probabilités, trouver
les forces de projections de chaque tourbillon,
selon les temps qu'il faudrait à chaque planète
pour faire son mouvement de rotation devant
le soleil, sur elle-même et dans son ellipse;
le tout relativement à la terre et au soleil, et
aux lieux de l'écliptique où elles correspondraient;
telle, enfin, l'on calculerait la force du tourbillon
de vent, qui, frappant sur les voiles d'un mou-
lin, lui ferait décrire des aires plus ou moins
véloces, selon la force motrice constante du vent.
Et tel le tourbillon ordinaire qui augmente de
force, en avançant sur lui-même, et la distance
qu'il parcourt, enfin tel le bouchon d'une bou-
teille, qu'un tire-bouchon pénètre en le contenant; or, voilà tel je suppose, par ce système
que les tourbillons solaires agissent sur les planètes, leur donnant les mouvements que nous
leur voyons décrire, dans leurs sphères en face
du soleil, qui les repousse en les contenant.

TROISIÈME ET DERNIER COROLLAIRE.

Accessoires à la théorie mécanique servant à étayer de plus en plus ma théorie planétaire d'après les principes mécaniques des tourbillons, déduit de mes observations, sur ces météores, que maintes fois j'ai observés à la mer, en leurs formations et projections, indépendamment de diverses causes que j'ai expliquée mêmes en me répétant souvent, supposant éclairer le lecteur en mes diverses suppositions à l'appui de cette théorie, et pour leur prouver, s'il est possible, ce que moi-même j'admets sur cette haute matière.

Or, je suppose que le soleil et les planètes, lunes et comètes, effectuent deux mouvements généraux, dans le fluide universel, raréfié à l'infini en ne supposant pas la possibilité du vide dans l'univers. Or, je le demande? que seraient ces deux véloces mouvements de rotation et orbiculaire du soleil et des planètes, sinon de vrais tourbillons, décrits dans le fluide, plus ou moins véloces, selon le plus ou moins de temps qu'ils parcourent, les supposant partir du soleil, le centre commun des révolutions célestes, pour arriver aux planètes, lunes et comètes, mises en mouve-

ment, par cette force plus ou moins grande
qu'aurait acquise chaque tourbillon pour arriver à
former l'ellipse; certes, la planète la plus éloignée
aurait reçu une force d'activité en raison des
temps que le tourbillon aurait tardé pour y par-
venir ; lorsque le soleil leur donna leur primitif
mouvement alors la terre fournirait pour toutes
les planètes des comparaisons , pour en déduire
leurs mouvements généraux , en raison des cônes
et des temps en lesquels chaque planète décrit
à la base du cône ses deux mouvements en son
tourbillon , mis en action par le soleil , décrivant
lui-même par la même loi , telles les planètes,
deux mouvements journalier et annuel. D'ailleurs
en admettant que la matière qui circule en les
tourbillons est égale en la nature entière , par
une loi constante innée, produite par le créateur,
tel l'orbe entier , et par cette loi , tous les objets
célestes ont pris la forme orbiculaire, ou elliptique. Or donc , le système solaire doit suivre
cette loi , que lui imprima son auteur, pour que
tout dans l'univers circule tourbillon (1);en effet, je
compare un immense cône rempli de la matière
fluide universelle , raréfiée, et approchant de la

(1) Quand l'univers fut formé tel nous le voyons ,
paraît-il probable que la loi de la pesanteur causa
cette formation.

dilatation des rayons solaires reçus sur une lentille
de verre , et le soleil au centre extérieur de la
base de ce cône , et de là communiquerait ses
lois à toutes les planètes en des cônes respectifs,
situés à l'entour du soleil en lui présentant leur
sommité.

Or , le grand cône étant mu en tourbillon par
la loi générale de rotation universelle orbiculaire,
tout suivrait ce mouvement , et chaque planète
en sa sphère , telles les lunes et comètes. Mais
comme dans ce grand tourbillon , au centre de
la matière en laquelle circule le soleil et les planètes , ce tourbillon serait dépendant de deux
mouvements , comme il l'est effectivement , il
s'en suivrait alors que toutes les planètes auraient
aussi deux mouvements, le premier orbiculaire,
qui est la nature constante du tourbillon lorsqu'il roule , et son second qui est d'attirer à lui,
à son centre de gravité , tous les objets qui sont
en son sein, et alors ce mouvement décrit sous
l'aplomb de la perpendiculaire du tourbillon de-
vient un vrai mouvement de rotation pour chaque
planète, tout en parcourant son ellipse à la base
du cône du tourbillon plongé dans le fluide universel; de conformité que ces deux mouvements
s'effectueraient par chaque planète , flottant en le
fluide qui suivrait la même impulsion ; or, voilà

d'où je déduits que ce sont des tourbillons qui
entraînent le système de l'univers, et notamment
celui des planètes, lunes et comètes ; ne supposant pas qu'aucune d'elles puisse se donner un
mouvement quelconque, ni s'en communiquer
que par incidence ; et en conséquence, de quelques mouvements d'aberration, en le fluide qui
entoure ces planètes, et d'une force d'inertie,
que momentanément je supposerais en vertu de
cette maxime : que rien n'est stable en l'univers.
Enfin, le soleil et le fluide igné, seraient les
régulateurs de tous les mouvements planétaires;
or, c'est ce qui m'a fourni ces données, pour
expliquer succinctement les premiers éléments de
mon système du monde. L'on dira c'est le système Cartésien, qui est modifié ; certes, si çà
était la vérité, j'en serais flatté de m'associer à
un grand philosophe, mon compatriote ; mais je
n'ai jamais lu ni vu ses ouvrages.

PREMIÈRE CONSIDÉRATION PHYSIQUE.

Sur les trois fluides, rougeâtre, bleuâtre et grisâtre (1), que je suppose être des électricités, en leur état fluide et sur la matière des planètes, lunes et comètes.

Le fluide igné, ou gaz, céleste projectateur de la chaleur du soleil, n'est point les deux fluides électriques dont j'ai fait mention en mes précis météorologiques, fluides qui sortent de la terre et sous les eaux, en des tremblements de terre et ouragans, mettent en fusion les ancres des vaisseaux et autres objets de ce genre, phénomène qui serait incroyable pour moi si je n'avais pas vu cette fusion; j'en parle en mes précis imprimés à Rennes, 1828, chez M. Marteville. Lesquels fluides se voient en nature gazeux, bleuâtre et rougeâtre; et ne se tiennent qu'en la basse atmosphère des planètes et dans ses planètes, lesquels fluides électriques ne deviendraient flammes que lorsqu'ils sont comprimés, condensés et froissés par les objets qui leur sont étrangers

_____

(1) Il n'existe en l'univers que les trois couleurs primitives le gris, le bleuâtre et le rougeâtre, qui sont les électricités que j'ai signalées, ceci est contraire à l'optique de Newton.

et analogues à leur nature, et par leurs mouvements répulsifs et même par divers mélanges;
fluides qu'ils enflamment en les comprimant;
comme je l'ai expliqué en mes précis météorologiques.

DEUXIÈME CONSIDÉRATION.

SUR MERCURE.

Cette planète ne reçoit pas autant de chaleur
du soleil que la terre, son composé est une
masse compacte et pesante de terre et sable, qui
ont subit une fusion légère, seulement pour les
adhérer, et le soleil la dominant considérable-
ment, sous un angle aigu, et alors n'étant pas
à son vrai foyer solaire; elle est plus froide
que la terre, quoique plus proche du soleil, par
la raison alléguée ci-dessus.

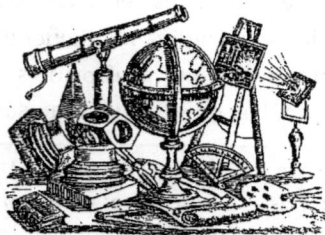

TROISIÈME CONSIDÉRATION.

SUR VÉNUS.

Cette planète est au foyer solaire ; serait une masse chaude , vitrifiée en la plus grande partie de sa surface ; c'est pour cette cause que l'on la voie de la terre si resplendissante de la lumière du soleil , qui n'est qu'une cause générale de dioptrique et d'optique par réflexion , tel l'astre solaire qui fait briller sur la terre les vitrages des maisons ou un globe massif de cristal suspendu dans les airs, par les directions diverses du soleil sur cette planète ; brillant extraordinaire qui étonne souvent les spectateurs.

QUATRIÈME CONSIDÉRATION.

SUR LA TERRE.

La terre est un composé de millions de matières hétérogènes, qui ont presque toutes subi
l'action du feu solaire, par la chaleur brûlante de cet astre, sur les fluides en ébullition
qui la pénétrèrent, lors de l'action de sa primitive fusion par le soleil ; et qui sont encore
en action au centre de la terre ; et telles autres
planètes, elle fut comète en son néant ; enfin,
un globe d'eau, que la lumière ignée, que Dieu
créa la première la réduisit de comète à l'état
de terre, par une formidable ébullition, en parcourant en tourbillon le fluide igné, et en s'approchant du soleil en sa course vagabonde, décrivant un cône parabolique. Telle, enfin, se
confectionna en harmonie avec les autres comètes
et planètes, dont j'ai fais l'histoire abrégée en ce
système ; en effet, considérez cette quantité in-
nombrable de débris de monstres marins, de
poissons, coquillages, madrépores, polipes, fossiles, etc., etc. Alors notre globe qui, décom-
posé en partie en matières calcaires provénant
des débris de ses animaux, par l'action du feu
et de ses résultats, l'on connaîtra jusqu'à l'évi-

dence que toutes ces espèces marines existaient
en le globe aqueux, telle une, mer, et qui furent
atteints gardant même leurs positions, et con-
centrés en la matière fluide des comètes, qui
prenant de la consistance, ils s'y adhérèrent fina-
lement, tel je l'ai dit; cette fusion y mit le
comble, en élevant des montagnes coniques (qui
sont la forme des tourbillons ou spirals) qui
soulevèrent, avec les matières en fusion combinés, des masses des débris des animaux marins,
et autres mélanges en fusion; dis-je que la matière bouillonnante et tourbillonnante repoussa
sur divers points du sein de la comète ou planète notre terre; et même des torrents de laves et
d'eau se précipitèrent également de son centre à
la surface, forma les vallons entre les montagnes
et le sein des rivières profondes, et même les
lacs et les mers qui existent renfermées entre les
terres de notre globe.

CINQUIÈME CONSIDÉRATION.

SUR LA LUNE.

Cet astre a été une petite comète, qui suivit la terre, quand l'une et l'autre étaient comètes, et par une même cause a passé telle la terre, de son état primitif à celui de matière, et je la suppose, en grande partie formée de laves et scories vitrifiées, et de terre ferrugineuse ; je lui crois une atmosphère aqueuse, et claire, sur laquelle le soleil lui imprime les mêmes mouvements qu'aux planètes, dans un cône en spiral elliptique, et sans participation de la terre ; et les rayons lumineux du soleil, passant au travers son atmosphère aqueuse, et la dominant en hauteur, nous la ferait voir sous la couleur que nous lui voyons, telle la lumière d'une bougie sur un globe d'eau quelle domine, cette lumière donne un foyer plus claire que la lumière même. Or, c'est ce globe d'eau, duquel la lune (1) est environnée, qui, par l'entremise de la pression du soleil sur la lune en ses diverses positions à son égard et à la terre, fait peser la lune sur la mer en un mouvement circulaire, et que les eaux dont la

_____

(1) En effet serait-il possible que le soleil ne donne pas à la lune, une couleur telle aux aux autres planètes ? (Ceci forme mon opinion.)

lune est environnée , cherchent continuellement
à se réunir aux mers qui environnent la terre ,
tels deux globes d'eau par analogies en s'approchant , chercheraient à se combiner , en raison
de leur affinité ; et , enfin , telles deux comètes en
s'approchant de trop près pourraient se combiner
par la même raison , que je cite ci-dessus , par
rapport au soulèvement des eaux des mers , par
le globe aqueux qui entoure la lune , nous donne
les marées ; tel j'en parle en mes considérations
météorologiques , déjà imprimées chez Mangin ,
à Nantes.

SIXIÈME CONSIDÉRATION.

SUR MARS.

Cette planète, qui nous présente un aspect rougeâtre, que lui réfléchit sa basse atmosphère, contient beaucoup d'électricité rougeâtre, conséquemment est venteuse ; cette planète est homogène d'une matière terreuse et friable plus chaude que la terre ; elle est sans cesse perturbée des vents, du tonnerre, et des météores secs et brûlants, et des aurores boréales, et même susceptible de grands froids en ses hivers, causés par ses vents secs, que produt l'électricité rougeâtre ; et, en quelques contrées, elle serait plus chaude que la terre en été.

SEPTIÈME CONSIDÉRATION.

SUR LES QUATRE PETITES PLANÈTES.

Je passe les quatre petites planètes nouvelle-
ment découvertes, elles sont toutes massives, et
d'une homogénéité et densité égale à la terre ; ce
sont des comètes devenues à l'état de densité,
qui ont pris place les dernières au système solaire
depuis peu de siècles ; elles ne sont pas vitrifiées,
n'ayant pas été mises en fusion comme les autres
planètes.

5

HUITIÈME CONSIDERATION.

SUR JUPITER

Jupiter a la même densité que Vénus , et ainsi que cette dernière est quasi vitrifiée en toute sa surface ; alors comme Vénus elle brille avec splendeur vue du soleil , par le même cas d'optique; et quand son atmosphère est claire , pour les habitants de la terre , par la même cause est vue telle que Vénus. Or , ses satellites lui sont homogènes ; enfin , les taches noires qui s'y remarquent sont des scories invitrifiables , telles que celles vues de la terre dans la planète Vénus.

NEUVIÈME CONSIDÉRATION.

SUR SATURNE.

Cette planète s'est trouvée refroidie au commencement de sa fusion , et vitrification sur son extérieur ; elle est restée en lave grisâtre semblable à celle des volcans ; mais ses satellites sont vitrifiés et cristallisés ; c'est ce motif qui nous les rend plus brillants, telle que Vénus, et par la même cause qui nous réfléchit le soleil, et telles les bandes de laves concaves que l'on y remarque sur son milieu , telle qu'à la planète Jupiter. Or, ce sont les ombres et pénombres réfléchies de ses grandes concavités , pavées de laves, qui sont vues telles sur la terre et dans le soleil.

En effet, je dirais : que toutes ses vues dans l'immensité peuvent être équivoques , et induire les observateurs en erreur ; en effet, regardez la planète Saturne , l'on y voit à l'entour des anneaux que l'on croit même être des corps solides, qui sont séparés de cette planète ; eh bien, moi, je les suppose être des ombres, que Saturne réfléchit selon ses diverses positions avec le soleil ; en effet, placez un verre de montre , dans son cercle d'or ou d'argent, obliquement et direc-

tement au soleil, vous recevrez dans la main,
toutes sortes de figures d'ombres et penombres,
et même elles paraîtront formées de divers cercles
ou ellipses, les unes sur les autres, en variant
les diverses positions du verre.

Nota. Cet anneau de Saturne pourrait bien
n'être, qu'une ombre, ou penombre, provenant
de l'excentricité de cette planète vers l'équateur
et son applatissement vers ses pôles; et telle la
comparaison idéale de l'anneau terrestre supposé,
qui entourerait la terre vers l'équateur, et par
ce même motif; en supposant la terre élevée à
l'équateur; enfin, un sphéroïde applati vers les
pôles.

DIXIÈME CONSIDÉRATION.

SUR URANUS.

Cette planète est composée de laves et scories, et son atmosphère contiendrait beaucoup de fluide électrique bleuâtre ; alors elle serait pluvieuse , humide et chaude ; et, jusqu'à un certain point , me ferait croire le système des anciens égyptiens que le soleil aurait eu pour la terre un mouvement diurne d'occident en orient , comme je l'ai déjà dit plus haut. Uranus se trouvait alors être près du soleil , et qu'enfin , la matière ignée de l'immensité , se dirigea alors par le soleil avec une impulsion extraordinaire et tomba sur les planètes ; donc Uranus alors fut fort près et au foyer même des rayons solaires , et se trouva alors à la tête du système planétaire près le soleil , tel Mercure l'est aujourd'hui. Eh ! qui sait quelle grande commotion s'en suivit ? Peut-être une révolution diluvienne en quelques planètes , qui auraient changé leurs premières positions ; et peut-être ce fut alors que se vitrifièrent les quatre planètes, Vénus , Jupiter , Saturne et Uranus.

ONZIÈME CONSIDÉRATION.

LES COMÈTES.

Je suppose qu'il n'y en a que cinq, qui, ac
tuellement, parcourent l'empyrée, qui sont des
globes aqueux, comme je l'ai décrit, qui tracent
des aires paraboliques et coniques, en tourbillonnant et recevant les lois du soleil dans le fluide
igné, selon les angles qu'elles forment avec cet
astre ; elles sont vagabondes en le système planétaire, et continuellement au foyer solaire, et
au milieu d'une atmosphère brûlante, laissant
derrière elles et en dehors une traînée, ou éma-
nation globuleuse et nébuleuse, tel un vaisseau
sillonnant la mer pendant la nuit. Or, les queues
et chevelures de ces comètes, et les comètes
même, nous apparaissent quelquefois sous des
formes bizarres ; or, je suppose en conséquence
de ce que j'ai dit à leur égard, que leurs chevelures et queues ne seraient que les émanations
aqueuses et globuleuses sortant de la planète,
telles en sortent de l'eau bouillante ; émanations
que la comète repousserait de sa surface en tourbillonnant dans la matière gazeuse ignée et séchée
par les rayons solaires, dont elle reçoit toute
la chaleur, mais que ces formidables queues ne

sont pas d'une longueur telles nous croyons les
apercevoir, et que c'est le fluide électrique,
bleu-verdâtre, qui fait paraître le ciel bleuâtre ;
enfin, tous les fluides disséminés en notre atmosphère, combinés ensemble ou séparément aux
fluides supérieurs, et coopéraient à nous donner
des vues mensongères et extraordinaires dans le
ciel et sur la terre. En effet, quelquefois à la
mer l'on croit voir de grandes terres avec de
hautes montagnes, garnies d'arbres, et des plages
superbes de sable, et ce n'est rien ; tel j'ai vu
des vaisseaux avec deux batteries, n'en ayant
qu'une lorsque j'étais entre le soleil et les vaisseaux, j'en ai compté quinze, il n'y en avait
que neuf, alors notre vue est en défaut ; par les
fluides et réfractions qui nous sont inconnus ; enfin,
regardez au travers d'un voile de soie noire le
jour ou la nuit, la lumière d'une bougie, ou la
lune, et vous y verrez une croix formée par
deux quenouilles, qui se coupent en angle droit,
et qui ont des queues, et peintes des couleurs
telles en cette ville on les vend ; eh bien ! ces
couleurs sont celles des deux électricités, que
moi le premier j'ai découvertes, qui sont à l'entour des bougies et de la lune, qui signalent le
vent et la pluie et l'humidité, mieux que les
baromètres et hygromètres. Alors, observateurs,
méditez sur ce que vous croyez voir.

Pour en revenir aux comètes, il me semble qu'elles parcourent tourbillonnant, des aires concentriques et excentriques, alentour des planètes, dans des cônes immenses peut-être paraboliques, et que leurs mouvements sont de deux espèces, l'un de rotation sur elles-mêmes, et dans leur orbite, et même rétrogrades par la même cause que les planètes ; enfin que le soleil leur donne les mêmes lois, eh! certes, il pourrait se faire qu'elles aborderaient quelques planètes, alors il s'en suivrait un déluge dans la planète abordée.

ESSAI SUR LA THEORIELUNAIRE.

Tous les philosophes antiques et modernes.,
s'accordent à dire que le système lunaire est le
plus compliqué, en ce que la terre et la lune sont
liées par des motifs qui leur seraient communs ;
et, en conséquence de ces principes, les aberrations
et inégalités lunaires proviendraient en partie de
la terre ; ce problême, qui paraît constant pour
ces philosophes, m'a paru peu en harmonie avec
mon système; en effet, que serait la terre, à
proportion des eaux des mers qui, quasi, l'environnent ? Or, je supposerais que le soleil et les
mers qui environnent les terres, planètes et leurs
satellites, sont les seuls moteurs qui causent
ces aberrations et inégalités, en les mouvements
lunaires et planétaires, et que la partie de ce
qui est vraiment terre, découverte des mers, n'aurait aucune influence sur le globe lunaire; donc je
suppose par ce principe, que leurs mutuelles mers
continuellement s'approchant et s'éloignant par
leurs affinitées influentes et refluentes, il doit en
résulter pour la lune, et la terre même, de conti-
nuelles aberrations inconstantes, donnant des peines infinies aux astronomes, pour régler les tables
lunaires. Quant à moi, sauf meilleur avis, j'ad-

mets un principe, que toutes les lunes et planètes étant sorties des mers, doivent par sympathies avoir une correspondance innée ; et, comme les eaux ont été le premier mobile des planètes et lunes, donc les mers doivent avec le soleil et les fluides, gouverner tout notre système planétaire. En effet, cette pression permanente du soleil sur les mers, en les enchaînant à la terre, et ainsi que tous les fluides, est le *totum*, et de cette pression ressort les mouvements en spiral qui s'allongent et diminuent selon qu'ils sont plus ou moins pressés par le soleil et la matière, pression qui se manifeste, même vers les fluides qui entourent notre globe en particulier, en approchant de l'équateur. *Nota.* Cette circonstance mériterait une grande attention des physiciens, faisant des instruments pour en mesurer les effets, puisque les thermomètres et baromètres ne sont pas suffisants selon moi.

Et telles les oscillations du pendule, pour en déduire la forme de la terre, me paraissent ne pouvoir rien prouver de véritable, n'ayant que des bases fondées sur le vent pour comparaison ; d'ailleurs, le plein de l'univers des matières fluides seules pourrait en empêcher l'effet. Les physiciens pourront, je le crois, construire d'autres instruments qui offriront plus de sûreté, n'étant pas dépendants de si faibles comparaisons (comme celles dont on se sert.)

Or, il s'en suit de mon opinion, sur la pression
générale, que les planètes et lunes reçoivent cette
même loi, qui me parait en harmonie avec la
primitive création du système solaire; en effet,
nul doute que les comètes sont de mers devenues
planètes, et telles celles encore errantes finiront
par devenir planètes; et, enfin, lorsqu'elles auront
un noyau solide, leurs courses excentriques et
concentriques, transitoires et trajectoires en l'immensité, et dans l'espace du système planétaire,
ces planètes suivront la loi constante de la nature,
particulièrement au fluide magnétique, et, alors,
elles seront arrêtées comme par instinct; alors,
dis-je, un des tourbillons côniques sortant verticalement du fluide igné, repoussé et mis continuellement en action par le soleil, enchaînera ses
comètes au tourbillon solaire; et voilà un point de
mon système, tel par comparaison un tourbillon
de ce genre, en un fleuve d'un énorme courant,
et très-profond, retient subitement une isle de
glace, sans que l'on aperçoive le moteur du
tourbillon qui sort du fond de la rivière, tourbillon repoussé par les fluides électriques, qui
lui influent la puissance d'inertie et de rotation au
milieu du courant; fluide enfin, qui, donnant à
toutes les mers, leurs perturbations, et même à
toutes les planètes, électricité qui, avec le soleil,

concourt à tout agiter en les mers et planètes,
et ce qu'ils contiennent comme je l'ai dit ci-
dessus, voudrait-on me constester les sympathies et antipathies ; ceci est un procès difficile à
juger, mais moi j'ai observé des simpathies
entre les eaux, entre le feu terrestre et la lumière,
du même genre et antipathie de celle-ci avec
la lumière solaire, entre les métaux, entre les
minéraux, entre certains fluides aériens, enfin dans
les règnes animal et végétal, entre l'aimant et
le fer et le fluide magnétique orbiculaire ; et
dans quelques bézoards d'animaux, qui m'ont
confirmé ces sympathies, or, pourquoi donc les
fluides planètes, lunes, mers et comètes n'auraient-
elles pas aussi des sympathies.

EXAMEN

PHYLOSOPHIQUE ET PHYSIQUE.

Sur les planètes, les étoiles, lunes et comètes ;
elles reçoivent du soleil la clarté qu'elles nous
renvoient, et toutes roulent dans le fluide igné.

De quel côté que je regarde le ciel, j'examine
et je dis : *altè penetrare cœlum.* — Mais, pour pé-
nétrer ses merveilles, éclaire-moi, lumière spi-
rituelle ! tu m'es toute nécessaire pour que mon
âme me fasse connaître celle que projecte à l'u-
nivers l'astre du jour !

En effet, depuis bien long-temps je ne cesse
de croire que c'est cet astre éternel, seul en son
genre en la nature, qui est doué de communiquer
à tous sa lumière.

Oui, pour moi, rien n'est plus évident dans
l'orbe céleste que tous ces globes opaques et hétérogènes, brillant de la lumière du soleil. Et
si nous ne voyons pas cette lumière resplendissante, entourer notre terre, et radieuse comme
la lumière de Vénus, c'est parce que les matières
terrestres ne seraient pas si compacte et vitrifiées
telles celle de Vénus, et même les étoiles étant de
très-petits-globes en comparaison des planètes, ces

petits globes tels des points flottants dans le fluide
igné, seraient plus ou moins éloignés du soleil et des planètes même seraient de la même
nature, et ces étoiles rouleraient toutes également
sur elles-mêmes et dans leurs orbites. Or, voilà ce
que je vais démontrer le plus succinctement possible.

En conséquence du déplacement à l'infini de
ces étoiles, l'on y verrait souvent entre elles des
conjonctions, et par rapport au soleil et aux
autres planètes. Et comme ces étoiles sont à des distances concentriques et excentriques, les unes par
rapport aux autres et au soleil; alors d'innombrables
occultations doivent avoir lieu (qui sans doute
par la suite seront reconnues des observateurs),
ainsi que leurs phases, faciliteront alors les observations de longitudes à la mer et à terre. Or,
les étoiles (tel je l'ai expliqué pour les planètes)
les étoiles, dis-je, feraient leurs petits mouvements
selon leurs diverses grandeurs, dans les tourbillons coniques, en opérant leur rotation à la base
de leurs cônes, ou là, le soleil les retiendrait
selon la loi générale ; et, ce qui prouverait que
ce sont de petits globes, c'est que les cônes
qu'ils décrivent sont fort petits à leur base, en
raison de ceux des planètes. Or, de tout ce que je
viens de dire, j'en déduis que toutes ces étoiles

reçoivent leur lumière du soleil , qui les fait mouvoir en les éclairant , comme je l'ai déjà dit ; et ,
généralement , toutes les planètes et les étoiles se
transmettent aussi la lumière qu'elles reçoivent de
cet astre solaire ; mais que ces astres ne peuvent
seuls opérer leur révolution qu'avec le mouvement
que leur communique le soleil , et qu'elles sont
toutes placées sous l'égide du fluide moteur , qui
vivifie leur chaleur et entretient leurs révolutions ,
tel enfin ce fluide entoure le soleil au centre de tous
les astres de l'univers !

Et quant à leurs vraies distances de la terre
ce problême est difficile à résoudre jusqu'à ce que
l'on ne fera pas un instrument qui soit indépen-
dant des bases terrestres , pour mesurer les distances des astres à la terre et connaître alors
leurs vrais parallaxes ; en effet , que d'aberrations
dans tous ces astres , qui sont difficiles à concevoir ; et quand d'ailleurs les fluides répandus en
l'univers seront toujours causes d'erreurs ; tel ,
quand , au soleil , on plonge dans l'eau un bâton ! alors que de vues équivoques en les observations télescopiques ; et ces queues de comètes ,
pouvons-nous raisonnablement y croire et à leurs
longueurs qu'on leur suppose ! en effet , souvent
les lunettes , tel le bâton , mettraient nos vues
en défaut , nous augmentant ou transformant les

objets , et en augmentant également les erreurs,
enfin les réfractions et toutes les sciences de l'optique. Alors donc, où sont les vraies parallaxes ?
et que seront les distances des astres à la terre
et au soleil ? En effet , que distinguez-vous en la
voie lactée , avec les lunettes ? que voyez-vous
dans ces immenses masses de lumières qui vous
paraissent nébuleuses et qui se voient changeant
d'aspects et de couleurs en l'immensité du ciel ?
desquelles masses d'étoiles l'on dit mille et mille
choses ! Or , selon moi, c'est ce fluide ou la ma-
matière ignée, qui est toujours là , plus qu'ailleurs,
par une pression , semblable à celle de millions
de vaisseaux fort proches , agitant les flots ; tel
ce fluide qui est toujours en mouvement en tout
l'univers ; telle une mer y serait plus ou moins
agitée , en laquelle sont disséminés des millions
de points. Tels, dis-je , des îlots recevant la lumière du soleil ; enfin de petits globes ou étoiles
qui reçoivent la lumière du soleil , même les
plus grandes étoiles , et. tous mutuellement se
communiquent cette lumière ; alors s'en suit de
cette conflagration des millions de lumières zo-
diacales , et également dans d'autres parties du
ciel, là comme en le zodiaque, les masses de points
lumineux y sont en mouvement sur eux-mêmes;
et , enfin, de ce conflit , dis-je , ces millions de

lumières de couleurs hétérogènes , causées par
les divers angles d'incidences, leur venant du
soleil et de leurs mutuelles réfrangibilités où elles
se voient en tous sens ; il doit donc en résulter
ce conflit qui nous paraît nébuleux plus ou moins
selon l'interposition à l'égard de la terre des divers fluides ; et enfin , c'est cette inconstance de
couleur qui confirme mon assertion que ces étoiles
reçoivent toutes la lumière solaire , et que le fluide
igné dont j'ai déjà parlé , est l'âme de tous ces
astres qui circulent en l'univers , comme j'en dirai
encore quelques mots.

En effet , considérez que ces amas de points
lumineux , ou étoiles, peuvent se comparer à un
grand archipel d'isles , de diverses grandeurs, ces
isles tournant sur elles-mêmes , telle la terre ;
donc rien ne change leurs positions respectives ,
au milieu des divers courants , et cependant elles
décrivent deux mouvements telle la terre ; or,
voilà tous les astres , décrivant deux mouvements,
par rapport à l'univers , qui est véritablement le
premier agent céleste , et qui, avec le soleil, pres-
sent et retiennent tout ; enfin , ce premier agent
est le fluide igné , qui environne tout , qui alimente tout , et comprime et retient toutes les
masses en la nature , pour accélérer continuellement le mouvement tourbillonnaire , qui est

6

celui , selon ma pensée , qui le premier exista ,
et qui donna la forme circulaire et orbiculaire
à toute la nature , et tel à tous les astres de
l'univers , comme je l'ai déjà dit en le cours de
cet opuscule. D'ailleurs , ne voyons-nous pas quelques étoiles n'avoir qu'un côté d'éclairé , et même
disparaître à nos yeux et reparaître. Or, tout ceci
est à l'appui de mes dires , et si les étoiles
eussent été considérées telles dans la pensée des
autres hommes , et qu'enfin elles étaient de
petits globes opaques , lesquels recevaient la
lumière du soleil ; alors ces considérations auraient
fait observer , je le crois , nombreuses phases
d'étoiles et d'occultations , telles s'observent de
nombreuses aberrations à ces étoiles. Et comment!
me dira-t-on , les étoiles des globes , telles les
planètes? et qui ne sont pas des soleils ? et non
certes ; voilà mon opinion. Or , les étoiles qui
paraissent et disparaissent , et même augmentent
de volumes quelquefois dans leurs cônes , dont
les lignes viennent aboutir à la terre ; cette circonstance paraît encore un appui à ma supposition.

D'ailleurs , le soleil ni les autres astres ne
pourraient leur renvoyer diversement cette couleur bleue verdâtre et scintillante , que par temps
nous leur voyons , quand dans différents autres

endroits du ciel, elles n'ont pas cette couleur ;
en effet, la lumière leur venant du soleil, il leur
en donne naturellement une rouge blanchâtre,
qui paraît celle des couleurs la plus facile à se
réfracter dans les fluides, et c'est la plus générale
dans le ciel ; or, ne voyons-nous pas, quelquefois
même les planètes, ainsi que les étoiles, avoir
une teinte bleuâtre, plus foncée et plus scintillante que de coutume, et ensuite elles changent
de couleur. *Oui, c'est une vérité !* Eh bien ! c'est
suivant moi, le fluide électrique bleuâtre, qui
change les vues des étoiles et planètes, par rapport à nous, proportionellement qu'il est plus
ou moins compacte en l'atmosphère terrestre et
les autres planètes ; et selon qu'il serait en masse,
même au-delà de l'atmosphère terrestre ; or,
ce fluide, dis-je, nous fait voir, la nuit, les
étoiles de cette couleur bleuâtre, sur certains
points du ciel ; or, examinez bien, que plus le
ciel sera bleu pour nous, et les lignes des cônes,
qui de la terre se prolongent à fort grandes distances vers les étoiles et la lune, c'est un signal
évident de pluie ou d'humidité, et lorsque vous
découvrirez les étoiles et planètes, et même le
soleil et la lune, plus rouge que de coutume,
c'est un signal de vent ; c'est là qu'aux Indes
la lune d'avril est souvent rouge, et cause des

tempêtes et perturbations en les airs ; alors ces deux fluides bleuâtre et rougeâtre que je signale , comme deux fluides électriques , demandent à être examinés des savants , lorsque ces deux fluides sont en nature fluide gazeux , dont j'ai parlé plus haut de leurs propriétés , particulièrement en mes précis météorologiques, imprimés chez M. Mangin; et , à Rennes, chez M. Marteville, en 1828.

Or , je laisse ces astres , et je reviens encore à ce fluide igné , le père de la nature ! Il est le premier élément universel, merveille de l'univers ! qui comme je l'ai dit , est , après Dieu , l'âme de l'orbe entier ; certes, il ne se montre pas telle la lumière du soleil , mais c'est son âme , c'est le gaz qui lui fournit son éternel aliment. L'huile , enfin , de la lampe universelle des cieux matériels et de la terre , fluide que nos sens ne peuvent distinguer , qui infonde la vie aux êtres , puisque c'est Dieu qui lui a influé cette éternelle mission. Mais l'on me demandera : quel est donc ce fluide incréé et créateur ? C'est la parole de Dieu qui flottait sur les eaux (Genèse) ; or , quoique je me sois déjà expliqué sur cette matière ; cependant, comme elle est inépuisable ,. je vais tracer encore quelques lignes pour développer une partie de ses éternelles capacités , que lui influa le créateur avant la création du monde !

En effet, se fut ce même fluide à qui Dieu
influa sa puissance, pour qu'il lui ouvrît les
voies, pour les merveilles que le Dieu créateur
voulait, c'est à dire faire l'univers! En effet,
Dieu au commencement de tout, retenait tout
dans l'abyme des eaux, mais il influa à ce fluide
sa parole même, de disséminer sa chaleur dans
les eaux de l'abyme; et, lorsque les eaux en
seraient imbibées, d'y influer lui-même tous les
germes quelconques; alors tout resta encore au
milieu de l'abyme, et à sa volonté Dieu forma
la lumière du soleil, qu'il fit sortir de la chaleur
des eaux, ainsi que le premier homme du limon,
qui alors existait; donc par la même chaleur, les
tourbillons eurent lieu, et formèrent l'orbe
entier, par le mouvement de rotation, en pressant circulairement les fluides innés dans la
nature, et même ce mouvement devint l'universel, tels les météores et des globes de feu
sortant de la terre, et telles en toutes les mécaniques humaines!

Alors il s'en suit de ce que j'ai dit, que tous
les germes, par volonté de Dieu, existaient en
l'abyme, avant la création, et que les eaux, la
chaleur et le limon, formèrent tous les êtres
marins et terrestres, le soleil, et tous les astres,
qui sont devenus de l'état de comètes à pla-

nètes ; enfin , des globes plus petits ou plus
grands , selon que chaque tourbillon mit en
mouvement une plus ou moins grande masse
d'eau ; environnée de ce fluide créateur , et qui
les projecta. Alors fixa le tourbillon de chaque
astre , et signala sa place dans l'orbe céleste ,
et tous ainsi , les comètes devinrent des globes
terrestres , plus ou moins grands ; et , enfin , toutes
les étoiles ou petits globes furent formés ainsi.

Or , les germes étant donc disséminés en toutes
les comètes , leurs diverses contrées furent formées
de matières hétérogènes , des limons de toutes na-
tures , et dans la comète de notre globe concourent
les mêmes circonstances. Or , de ces circonstances , les êtres des diverses contrées de notre
globe terrestre , ou les germes naquirent , et
il en existe encore dans la terre qui furent blancs
ou noirs , et d'autres diversifiés et nuancés de
couleurs diverses , et alors par les mélanges de
limons , les êtres acquirent toutes les qualités
que les terrrains , ou limons , leur communi-
quèrent alors ; bons ou méchants , telle en l'espèce
humaine , et tout y fût assimilé , en le règne
animal et végétal , et la nature des êtres a suivi
cette première création , que nous voyons dans
tous les êtres de la terre , et ceux des mers ,
enfin , tous peuvent avoir dégénéré en leurs
espèces !

Or, donc ce fluide igné, dont je fais la pierre angulaire de mon système, fluide qui alimente le soleil et lui donne sa lumière, lui qui pénètre tout, qui rechauffe tout, et qui fait éclore les germes ; germes qui, malgré la fusion de la terre, s'y sont conservés en grands nombres; en effet, qu'est-ce que la création spontanée de tous les êtres? Sinon un développement de la semence du principe universel ; or donc tout fut créé au commencement, et je suppose, dès le principe, les êtres déjà formés en la terre et la mer et en l'atmosphère, et que leur développement n'espère qu'un atome de ce fluide moteur ; en effet, concévez donc ces innombrables semences, des millions et milliards d'êtres, tant terrestres que marins, et du règne végétal tous enfouis en la terre et l'atmosphère ; qui n'espèrent qu'un atôme, ou une parcelle de ce fluide sublime, pour développer leur nature par sa chaleur!....

Voyez dans le règne végétal, quelle immensité de végétaux se reproduisent, dans des îles récemment sorties du sein des mers : voyez une montagne qui s'abyme et forme un immense lac au sommet des hautes montagnes, là, sous peu de temps, vous y trouvez des milliers de poissons de diverses espèces, quoique ce lac éloigné et dominant même les rivages des mers et

des rivières ; certes, par la force de ce fluide
créateur qui développe sans cesse les germes. Or,
toutes ces circonstances prouvent que ce fluide
igné est le grand moteur de l'univers, et n'est
point celui de qui quelques philosophes ont voulu
parler, nommé l'éther.

Or donc je conclus, de mon examen philo-
sophique et physique, que les étoiles sont des
planètes recevant la lumière du soleil, et que
le vide ne peut exister en l'univers ; et que la
pression, la pesanteur, l'attraction, dilatation des
corps et le centre de gravité, existent en mon
système, non comme lois constantes de la nature et particulières à un mouvement, mais comme
faisant partie d'un tout ; de la force motrice universelle, qui fait agir les masses en sens divers.
Enfin, telle pour exécuter à terre des mouvements
propres à des mécaniques, et les tenir en harmonie, pour qu'il en résulte les plus grandes
forces motrices, selon les diverses combinaisons
existantes en la nature.

SUR LA FORMATION MATÉRIELLE

DE L'UNIVERS

ET SUR LE FLUIDE MAGNÉTIQUE.

Après avoir traité mon nouveau système du monde, je me suis mis à écrire sur la formation de ce monde, et sur le magnétisme ; mais toujours succinctement, et j'entre en matière.

PREMIÈRE SECTION :

L'abyme était les eaux, et les eaux le chaos ; les eaux se corrompirent pendant des milliers de siècles, et devinrent telles des eaux stagnantes : alors il en sortit des effluves gazeux de toute espèce, et la chaleur se condensa dans les eaux, et cette chaleur forma l'air, la lumière et la flamme ; et alors s'éleva une masse énorme de ces fluides ; des lumières et des flammes sortirent des eaux, et se firent jour en un immense tourbillon ; et s'en suivit dès lors, une séparation totale des cieux d'avec la masse des eaux ; ce tourbillon fit le tour du cercle, en donnant la figure circulaire à l'orbe céleste, mais la masse de la lumière et des fluides, continuant à parcourir en tourbillon l'univers et en pressant

les eaux ; alors l'orbe céleste devint de figure
elliptique, par le cours continuel du grand
tourbillon ; et la masse de la lumière, *où le
soleil*, se fixa au centre de cette ellipse, où
l'attira ce tourbillon, *en son centre de gravité*,
dans l'équateur céleste ; mais la matière ignée,
l'entoura par sympathie, ainsi que tous les
fluides, contenus dans ce grand tourbillon, qui
continua de tourbillonner pour terminer son
ouvrage, mais sans s'éloigner de beaucoup du
soleil, ou *du centre de gravité*; là continuellement se joignit, par affinité, d'autres lumières
au soleil ; mais ces fluides des environs de
l'équateur céleste, s'avancèrent vers les pôles du
sphéroïde céleste, pendant que la grande masse
de ces fluides, circulait avec le soleil, au centre
de gravité ; alors une partie de ces fluides se
prolongèrent vers le N. et vers le S. de l'équateur céleste, mais toujours contenu par les fluides
du milieu, et le soleil. C'est alors que tout
se fixa, et prit l'aplomb que nous lui voyons;
et que le fluide magnétique, ainsi que tous les
autres fluides, se trouvèrent circulant alentour
de l'orbe, ou même circulant, dis-je, avec l'orbe
du nord au sud, dans le cercle orbiculaire
pôlaire, se coupant en angle droit avec l'équateur
céleste, qui n'a rien de commun avec le mou-

vément des astres, qui suivent une loi différente;
mais croyez-vous, me demandera-t-on, à ce
mouvement de rotation de l'empyrée, par les
pôles de l'univers? et je réponds affirmativement;
mais je ne peux dire le temps qu'il faut, pour
cette révolution polaire, par la partie de l'empyrée en dehors les étoiles. Or, de cette circonstance les fluides, et tel le fluide magnétique,
est donc continuellement en action, suivant le
mouvement de rotation de l'empyrée sur les
pôles terrestres, faisant enfin le tour des pôles,
sans que je puisse indiquer le temps de cette
révolution.

Et de cette circonstance, dis-je, ce formidable
fluide magnétique, fut celui qui, avec le fluide
igné, formèrent l'univers et arrêtèrent toutes les
planètes sur les lignes ou cercles magnétiques; et
toutes formées à la figure de l'orbe céleste,
semblable dis-je à l'orbe même, *telle la terre* qui
est placée perpendiculairement sous les cercles
de la matière magnétique de l'orbe céleste, qui
circule de l'orbe à l'entour des pôles du ciel et
de la terre, sans que les astres n'aient rien de
commun de ce mouvement céleste. Eh! qui sait
si ce mouvement n'aurait pas aussi quelque influence sur les variations des boussoles? et sur
les aberrations du système planétaire, en y com-

prenant les étoiles et comètes. En effet, le fluide
magnétique avec le fluide moteur igné et le soleil, concourent à diriger les mouvements de
tous les astres, les retenant en leurs sphères.

Voyez d'ailleurs toutes les comètes, contenant
tous les fluides contenus dans l'orbe : elles doivent
donc s'y assimiler en leurs formes, et prendre
place en cet orbe céleste dans les fluides, gardant
la même polarité que la terre, et par ce fluide
magnétique y être même retenues par affinité et
par homogénéité, tant par rapport au fluide
magnétique que par leur nature. C'est de cette
circonstance que toutes les planètes auront leurs
pôles N. et pôles S., tel l'orbe céleste, et ce fluide
magnétique ne forme que des lignes méridiennes,
qui environnent l'orbe céleste et les planètes et
comètes, mêmes lignes circulaires, qui embrassent
l'orbe céleste et les planètes et comètes (pardon
si je me répète). En effet, les masses de pierres
férugineuses, en lesquelles se trouvent les pierres
d'aimant, est un signal évident que ce fluide
est et était disséminé en les comètes, avant
quelles fussent terres, et qu'étant devenues terres ;
alors ce fluide magnétique, disséminé en ses astres et même mêlé à la terre et leurs matières
subirent la fusion, qui paraît avoir été générale
en les planètes ; mais néanmoins ce fluide magné-

tique , tels les autres fluides primitifs , a gardé
sa force tout entière. Fluide , qui selon moi ,
serait la base fondamentale des mines de fer ,
et même aurait servi à les confectionner : c'est
de là que leur affinité est patente (et même pour
faire des aimants artificiels). Or , ce fluide magnétique circule donc en l'univers , mêlé aux
autres fluides , spécialement au fluide électrique , qui ont ensemble beaucoup d'affinité ; et
que tous ces fluides pénètrent tous les êtres en
l'univers , et même les perturbent , lorsqu'ils s'y
concentrent en masse ; en effet , le sang humain et
des animaux contiennent de ces fluides magnétique
et électrique , l'ayant observé sur moi-même.

L'aiguille d'inclinaison ne correspond point au
degré des latitudes terrestres ; c'est une manifes-
tation que le fluide magnétique passe au-dessus
et au-delà des pôles terrestres , par les méridiens
des pôles célestes; or , je supposerais qu'alors
ce serait les méridiens des pôles célestes , et
non des pôles terrestres , qui dirigent les boussoles et l'aiguille d'inclinaison , et qu'alors
ne pourrait-on pas connaître par cette aiguille d'inclinaison , la distance positive de
l'équateur terrestre aux pôles terrestres , par la
proportion des latitudes observées avec l'inclinaison du moment : j'invite les marins à examiner
ce point.

Et quand aux diverses variations que les boussoles nous démontrent, à terre et à la mer,
proviendraient que plus il y a d'homogénéité
dans les fluides célestes et terrestres ; alors ils se
concentrent, et font équilibre , par leurs forces
mutuelles ; alors presque point de variation mais
plus il y a d'hétérogénéité entre ces ; mêmes
fluides , alors plus il y a de variation ; c'est
comparativement , telles des masses fluides quelconques , les plus petites sont eu globées par les
plus grandes , qui donnent leur direction aux petites
ou leur font subir une déviation ; c'est par ces
motifs , que je suppose , que les boussoles varient
diversement , en les différents lieux de notre
globe, et que ses variations sont mobiles en
plus ou moins , selon que les fluides hétérogènes
dominent le fluide magnétique. Certes ce fluide ,
et le fluide igné , et l'électricité auraient tous
formé en l'univers, et certes , dis-je , nous tenons
de leur nature ; et c'est une vérité bien évi-
dente , et si nous les connaissions mieux , que
de secrets ils nous apprendraient dans la nature
(mais pour le commun des hommes , c'est du
charlatanisme). Or, examinez les boussoles et
aiguilles d'inclinaisons , vous les verrez formées
des angles différents , selon que vous avancez
vers les pôles ; donc, preuves évidentes que le
fluide magnétique circule à l'entour des pôles de

l'univers , et en l'univers ; et que sa force naturelle et d'homogénéité cherchent à s'attirer ,
comme l'aimant et le fer , et non par la loi d'attraction universelle.

Je finis , considérant que ma plume est peu
capable de traiter à fond un si grand sujet ; d'ailleurs , j'écris succinctement pour donner les premières notions sur cette matière abstraite , et je
finirai donc cette dissertation , en écrivant une
circonstance qui est connue de bien du monde ;
je veux dire les effluves gazeux flamboyants , qui
sortent des eaux stagnantes , et des cimetières et
mines ; je veux dire des feux folets , ce sont de
véritables flammes , qui brûlent, du moins quelques espèces ; les anciens les nommaient , *ignis
fatuus* , et même *ignis ardens*. Or , donc l'on ne
peut nier ces météores , ni que l'eau ne puisse
donner le feu et la lumière sans la science chi-
mique.

Cet exposé peut donner quelques poids à mes
assertions sur la formation de l'univers.

MES PENSÉES

SUR LE VRAISEMBLABLE PHYSIQUE

Dont l'examen peut faire ressortir des vérités évidentes.

Je me suis demandé à moi même : peut-on croire invariable la densité de la terre ? Celle de l'atmosphère terrestre ? la céleste ? qui est au de-là ; et là y croire les fluides gazeux homogènes, et de la même couleur, et d'une égale densité ; ne pourraient-ils pas nous représenter les objets doubles, comme cent fois je l'ai observé allant en voiture et sur des vaisseaux selon les angles de réflexion sur les glaces des voitures et celles des vaisseaux, et même souvent dans l'atmosphère au milieu des nuages, ou même tel un miroir taillé pour représenter différents objets, en les multipliant ; quoi ! les fluides ne pourraient-ils pas former des angles, comme les flots, et refracter maints objets quand le soleil brille dessus, ainsi que telle lumière que ce soit. Peut-on supposer que l'atmosphère terrestre soit la même homogénité que celle de l'équateur et vers les tropiques ? et pourquoi vers l'équateur l'atmosphère telle en flux et reflux, monte et s'abaisse encore,

pour remonter ? Pourquoi dans les zones tempérées ne remarque-t-on pas ce phénomène ?

Or, peut-on croire, en conséquence de ce qui
est énoncé ci-dessus, qu'il n'y ait pas de pression,
de la circonférence au centre? et répulsion du centre
à la circonférence de notre globe distincte que celle
que l'on suppose, et même du centre de l'univers;
peut-on croire enfin, que les fluides sur l'étendue
des mers soient en harmonie avec ceux qui sont
sur la terre? et que la pression des fluides sur les
mers, ne soit pas plus forte que sur la terre?

Je me demanderais encore, peut-on supposer,
d'après toutes ces circonstances, croire aux observations télescopiques ? peut-on croire dans les
cieux, ce que nous y remarquons? peut-on croire
vraies, en raison de ces circonstances, les oscillations du pendule? peut-on croire les mesures
justes, que l'on a opérées sur la terre, pour en
déduire sa forme et sa grandeur et sa pesanteur,
telles celles des autres planètes, et leurs paralaxes;
et, enfin, les refractions, et les distances des astres
à la terre? M. Newton trouvait, je suppose,
en raison de ces circonstances, toutes plausibles,
qu'un de ses calculs théoriques scientifiques, sur
la lune et la terre, et la pesanteur de ces planètes
vers le soleil ne correspondait pas aux mesures
terrestres exécutées alors par des anglais; et,

7.

il prit ceux de M. Picart, qui s'encadraient à
ses savants calculs, ce qui m'a toujours frappé ;
et ne pouvant pas croire les géomètres anglais de
cette époque, en retard des sciences géométriques
pratiques et spéculatives, sur telles' mesures.

Et je me demande encore : pourquoi donc le
plein n'existerait il pas ? puisque les tourbillons
existent comme il n'y a pas de doute, même pour
la propagation de la lumière du soleil qui est com-
muniquée ainsi par la même rotation de la terre et
conséquemment est instantanée.

DE LA PROPAGATION DE LA LUMIÈRE.

Les tourbillons planétaires sont toujours imbibés de tous les fluides de l'univers , et de la matière ignée et solaire ; de cette circonstance cette lumière se projecte continuellement des tourbillons aux planètes , à mesure qu'elles consomment les deux mouvements devant le soleil , dans différents cônes en spirale , d'où résultent des crépuscules plus ou moins sensibles pour ces planètes. Or, les rayons solaires se projectant momentanément, des tourbillons aux planètes, donc ils précèdent toujours pour ces planètes, la vue des rayons du soleil, étant pour ainsi dire , courbée dans les fluides tourbillonnants de ces planètes ; mais lorsque ce fluide solaire a atteint le moment qui réunit les lignes visuelles des planètes au soleil et de cet astre aux planètes , alors cette lumière solaire se développe spontanément comme l'éclair , et frappe soudain la ligne directe ou visuelle des planètes au soleil ; or, cette lumière solaire projectée aux planètes, se consomme à l'instant.

Donc la lumière solaire est propagée aux planètes sans interruption.

Notre compatriote le célèbre Descartes, et Mallebranche, avaient bien jugé , sous ce rapport , et l'expérience le confirme, selon moi, je le crois, en effet : le son des cloches mêmes est propagé par un tourbillon ; un atôme remué, excite un tourbillon ; une voix en la plaine, excite un tourbillon lequel va soulever l'avalance sur la montagne et la précipite dans la plaine, en un affreux tourbillon qui s'est fortifié en raison de la résistance qu'il a trouvée, suivant la loi générale ; ce que ne ferait pas une vibration qui est toujours verticale et horizontale, mais sans force comme la propagation des odeurs ; or, c'est le premier tourbillon, qui suit la voix qui le met en mouvement, et celui-ci à d'autres, et, en un instant à plus de vingt lieues de circonférence l'air est en mouvement, et la courbe céleste en est remplie. Or, nier ce fait, c'est ne l'avoir pas observé, ou c'est nier le jour ; quand moi-même j'ai vu se former à la mer, des tourbillons, en la partie inférieure et supérieure de l'air, en calme plat, par le sifflet, le bruit, le mouvement circulaire, des hommes sur le vaisseau, en parlant et criant, avec énergie, et tel au plus haut des mâts, et je fis sauver ainsi mon navire, d'un péril imminant, en me dégageant et celà maintes fois, des écueils par les petits zéphyrs tourbillons, qui se succédaient comme par enchantement, de moment en moment ; et, lorsque j'étais en dehors des dangers :

je commandai le silence , et même ne pas respirer
ni marcher ; alors les petits zéphyrs étaient morts
pour nous ; mais spontanément l'équipage s'élevant en masse : sifflait , criait , et courait alentour du vaisseau , alors des petits tourbillons
effleuraient la surface de la mer , et nos petites
voiles se gonflaient : or, ceci prouve que , comme
je l'ai dit , une voix, un coup de sifflet, ou un
sifflement aspiré peut mettre un tourbillon en
mouvement , et que tout se meut en tourbillon
dans l'univers. Tel je l'ai déjà dit , sur lequel
principe je fonde mon système du monde, et
tels les autres principes émis en cet ouvrage.

SUR LES AÉROLITHES.

En mil sept cent quatre vingt-huit étant au port d'Acapulco, port du Mexique, sur la partie occidentale d'Amérique. J'étais alors premier Officier du galion le Saint-Joseph de Manille, qui était ancré en ce port ; sur les minuit un bruit sourd en la Montagne de la Braie, se fit entendre venant des montagnes derrière la ville, alors il sortit de cette montagne une masse d'environ trente pieds de long, et un peu moins de large, mal conformée, et entourée d'une flamme bleuâtre, et la masse était de même couleur, et en passant devant la lune, en son ascension il l'offusqua un moment ; et ayant terminé une ascension considérable, sous un angle de trente degrés vers l'orient il forma en sa descention une courbe parabolique, et lorsque étant déja descendu aux environs de mille toises de la terre, il éclata, telle une bombe avec un bruit sourd, et les éclats se divergèrent dans un grand rayon ; l'air quasi calme qui venait de son côté, nous apporta une odeur fétide et bitumineuse, et s'ensuivit un léger tremblement de terre.

En mil sept cent quatre-vingt-douze, je commandais la Gertrude, navire des Philippines, d'environ sept cent tonneaux ; j'étais près de Nankin, au mois de septembre , allant faire en cette ville des recouvrements de sommes, considérables dues à des négociants de Manille par des Chinois. Je fus poussé par une tempête du N O. et des courants rapides au S E. vers les îles des Liquejos ; et , à leur vue, je restai là en calme ; sur les trois heures du matin , j'entendis un bruit confus venant du grand Liquejo , et un tremblement de terre se fit sentir ; au même instant une masse énorme , me paraissant aussi grosse que mon navire , s'éleva d'entre deux montagnes du grand Liquejo ; cette masse était environnée d'une atmosphère de flamme rouge ; son ascension était sur un angle, avec la terre d'environ 24 dégres vers l'occident ; je le perdis de vue à plus de vingt lieues de distance du vaisseau dans l'atmosphère vers le NO. du grand Liquejo. Mais un fort orage de vent et pluie me le fit perdre de vue , elle continua encore en ce moment-là son ascension sur la direction primitive , et l'isle du volcan qui est vers le nord du grand Liquejo , lançait alors une flamme épouvantable de son volcan.

En mai mil sept cent quatre-vingt-dix , étant en la partie orientale de l'île Luzon , capitaine du navire la *Soledad Lylocana* , à quatre heures du matin , je ressentis un tremblement de terre ,

à distance de laquelle j'étais environ dix lieues,
par la latitude estimée de 18 degrés, en calme;
alors s'éleva, des montagnes, une masse énorme qui
sortait de la terre entre deux montagnes, que je
suppose celles de Sinaï ; cette masse était bril-
lante, entourée d'une flamme bleuâtre, et passa
à mon zénithe à une hauteur considérable; elle
parcourait un angle de 45 degrés avec la terre,
d'où elle était sortie; sa forme était quasi ronde,
de plus de cinquante pieds de diamètre; et, au
jour, le soleil étant radieux, je perdis cette masse
de vue à une fort grande distance vers l'E. N. E.

Réflexion.

Alors ne serait il pas possible que l'on se fût
mépris sur ces aérolithes, en les faisant tomber
de la lune; je laisse aux savants à en juger.

(pas nécessaire)

RÉFLEXION SUR L'ENSEMBLE

DE L'OUVRAGE.

Il paraîtra extraordinaire que je présente des principes d'astronomies physiques et géologiques, qui diffèrent essentiellement de toutes les théories reçues de nos jours sur cette matière ; mais qu'importe, je suivis ma carrière, en respectant les savants qui ont donné d'autres systèmes, soumis à leurs savantes théories, et aux calculs profonds des mathématiciens habiles ; quant à mon système il n'est qu'ébauché, mais qui sait si, plus tard peut-être des savants l'honoreront en le méditant, et verront s'ils croient qu'il pourrait être plausible en l'analysant et le soumettant aux calculs ; enfin, s'il n'est pas soutenable, sans passion des hommes célèbres pour les choses reçues, alors il me sufira à moi-même, et j'aurais rempli la tâche que me dicta ma volonté, en travaillant pour les sciences, sans que l'intérêt my portat ; mais seulement tout en composant ce système, élever ma pensée vers le créateur de l'univers.

CONNAISSANCE DES TOURBILLONS.

Que l'on me permette cette notice, elle apprendra par quelle circonstance je connus fort jeune, l'effet des tourbillons.

Vers mil sept cent soixante dix-huit, âgé de treize à quatorze ans, je m'embarquai sur le navire la Gracieuse Légère, de Nantes, frété au Foi, pour la Martinique ; là arrivâmes au Fort-Royal. Monsieur de la Motte Piquet, vint ici avec sept vaisseaux de guerre et frégates ; quand un jour la frégate l'Aurore arrivant de France, à la vue du Fort-Royal, avec environ trente navires marchands ; l'amiral anglais Hyde Parker, croisait alors avec environ douze vaisseaux, à la vue de cette île ; croyant sans doute bloquer notre division : quand au soir il se jeta sur le convoi de l'Aurore, même sous les forts. Monsieur de la Motte Piquet se trouvait quasi désarmé, et beaucoup des équipages malades ; cependant ce brave commandant, sans espérer personne, fait signal d'appareiller : le Vengeur et le Réflechi furent les seuls en état de le suivre. Alors presse à terre des matelots ; en cette bagare l'on s'embarquait pêle et mêle ; or, moi je vis avec plaisir cette circonstance, pour

voir un vaisseau de ligne, et un combat, et des
Anglais battus..... Soudain, je me jetai dans la
chaloupe de l'Annibal, au milieu de l'obscurité,
et sans respirer d'aise? étant à bord l'on m'agrégea
au poste des signeaux? Enfin, l'Annibal ouvrit son
feu, qui fût terrible, c'était un songe pour moi;
prodige! l'Annibal seul combattait quasi toute la
flotte anglaise; notre brave amiral se multipliait
par ses manœuvres hardies; quand vint prendre
part à l'action, les deux vaisseaux français, le
Vengeur et le Réfléchi, et contribuèrent à sauver
des griffes de l'anglais, la frégate l'Aurore et dix
ou quatorze navires marchands de son convoi;
enfin, cette nuit là fut pour tous les Français
un triomphe. Les Anglais maltraités, furent à
Ste-Lucie..... Continuant avec ma vivaciié d'a-
lors, d'admirer notre division, quand un jour je
vis la Gracieuse Légère appareiller pour Saint-
Pierre y prendre sa cargaison; je fus alors à
mon aise; en somme, j'étais où je désirais,
c'est à dire, à bord d'un vaisseau du Roi.

Monsieur de La Motte Piquet, au commencement de mil sept cent quatre-vingt, sortit de
la Martinique, dit Fort-Royal, pour convoyer
trente ou quarante navires marchands à Saint-
Domingue, la Gracieuse Légère était du nombre;
l'escadre française était composée de l'Annibal,

du Diadème, de l'Amphion et du Réfléchi, avec
une ou deux frégates ; nous voilà donc en marche,
quand, sous peu de jours, à la vue de cette île,
l'on aperçut trois vaisseaux de guerre anglais,
et deux corvettes; soudain, Monsieur de la Motte
Piquet, fit diriger sous escorte, le convoi au Cap
Français; et l'Annibal et les autres vaisseaux
chassèrent sur les Anglais; le calme suspendit cette
chasse, mais le calme était intercallé de quelques
petits souffles; nos officiers recevaient ces zéphyrs,
avantageusement, pour approcher les Anglais,
aussi en calme. *Or, ce fut là, pour la première fois
que j'entendis parler de tourbillons, et ce fut de la
bouche même de mon intrépide commandant, qui,
ainsi que les officiers, impatient de combattre,
quoique inégal en forces, ils se disaient avec l'ac
cent du désespoir : nous voilà encore en calme !!
Alors M. de la Motte Piquet répondit : le tourbillon porte l'Annibal vers l'ennemi, sous peu
sera atteint ; et moi, je disais tout bas : un tourbillon est donc bien fort ! pour porter un vaisseau?
la prédiction du brave commandant jamais ne
sortit de ma tête. Ainsi voilà comme j'acquis con-
naissance que le vent était un tourbillon.* En effet,
ce même tourbillon, qui seul conduisait l'Annibal,
le précipita sur les anglais, qui nous écrasèrent,
mais le furent plus que nous: le général fit

saborder la dunette de l'Annibal, et y fit placer
des canons, pour nourrir le feu de ce côté là,
en criblant l'ennemi qui était sous la hanche de
l'Annibal ; enfin, les autres vaisseaux français ral-
lièrent peu à peu, mais les Anglais prirent la
chasse. Cependant M. de la Motte-Piquet, quoique blessé, aurait désiré combattre ; mais le lende-
main les anglais se montrèrent avec six vaisseaux de ligne ; mais, sans faire attention à ce
motif, notre division rallia le cap français ; là
je retournai à mon bord, le capitaine de la
Gracieuse-Légère, M. le chevalier de Sorin, réussit
à ce que je repasserais avec lui ; disant à bord
de l'Annibal, que je lui étais recommandé par mes
parents ; nous répartîmes de suite pour France ;
j'arrivai à Nantes en mil sept cent quatre-vingt ;
et continuai là mes cours de navigation, tel j'en
parle en ma préface.

RECOMMANDATION AUX SAVANTS.

Je termine mon ouvrage , par une insinuation que je soumets comme possible , pour arriver à de grands résultats scientifiques , sans que j'en déduise aucun problème ; mais le sens qui paraîtra peut-être énigmatique , ne le sera pas pour des savants.

Cinq observateurs déjà fixés sur un même méridien connu , à l'ouest de Paris , tel que supposé un méridien passant par la terre de feu , au détroit de Magellan , le premier observateur par cinquante cinq degrés de latitude , un autre observateur par vingt degrés même latitude australe, un troisième à la ligne équinoxiale, un quatrième par vingt degrés de latitude boréale, et un cinquième par cinquante-cinq degrés même latitude , les observatoires sur des lieux les plus élevés ; or , lorsque le soleil serait à l'équateur, en les deux stations annuelles, ces cinq observateurs le même jour , au lever du soleil, mésureront chacun des séries d'angles de leur même méridien , au centre du soleil, corrections faites ; et le soir même observations. Observeront d'ailleurs , les variations de la boussole , et les inclinaisons des aiguilles , les comparer aux observations baromètrales et du thermomètre aux latitudes , et des hygromètres (l'heure des marées sur les deux côtes d'Amérique) mesurer le flux et reflux de l'air, entre les tropiques ; je suppose qu'il faudrait à cet effet, un instrument plus sensitif, que le baromètre ; les physiciens pourront le construire, y comparer l'électromètre : il pourrait, peut-être lui seul indiquer ce flux et reflux de l'atmosphère, puisque je suppose que les électricités contribuent à ce flux. D'ailleurs, grand examen sur les trois couleurs générales, que je suppose électriques, ou les électricités même, gisantes alentour des bougies allumées ; et mesurer tous les soirs leurs diamètres, dont les dimensions et augmentations ont un rapport direct avec l'état de l'atmosphère ; les comparer aux électromètres, baromètres et hygromètres, et aux variétés du temps par leurs indications qui s'identifieraient aux mêmes couleurs bleuâtres et rougeâtres atmosphériques des planètes, satellites et étoiles, et quant aux angles aux soleil, je n'en dis rien ; ce soin sera pour les savants, qui sauront l'apprécier, en son développement pour l'astronomie, la physique, et sur l'ensemble des deux sphères, c'est ce que je suppose, sans en dire davantage.

TABLE DES MATIÈRES

CONTENUES EN CET OUVRAGE.

— ◆ —

FIN.

ERRATA.

Page 28, ligne 5 ; *lisez :* qui se porteraient en tourbillons du soleil.

Page 39, ligne 5 ; *lisez :* capacités côniques.

Page 54, ligne 22 ; *lisez :* circule en tourbillon.

Page 58, ligne 1 ; *lisez :* et non analogues.

Page 60, ligne 8 ; *lisez :* et telles les autres.

Page 70, ligne 18 ; *lisez :* sortant de la comète.

Page 73, ligne 24 ; *lisez :* avis, mot nul.

Page 93, ligne 27, *lisez :* j'invite les marins et les savants.

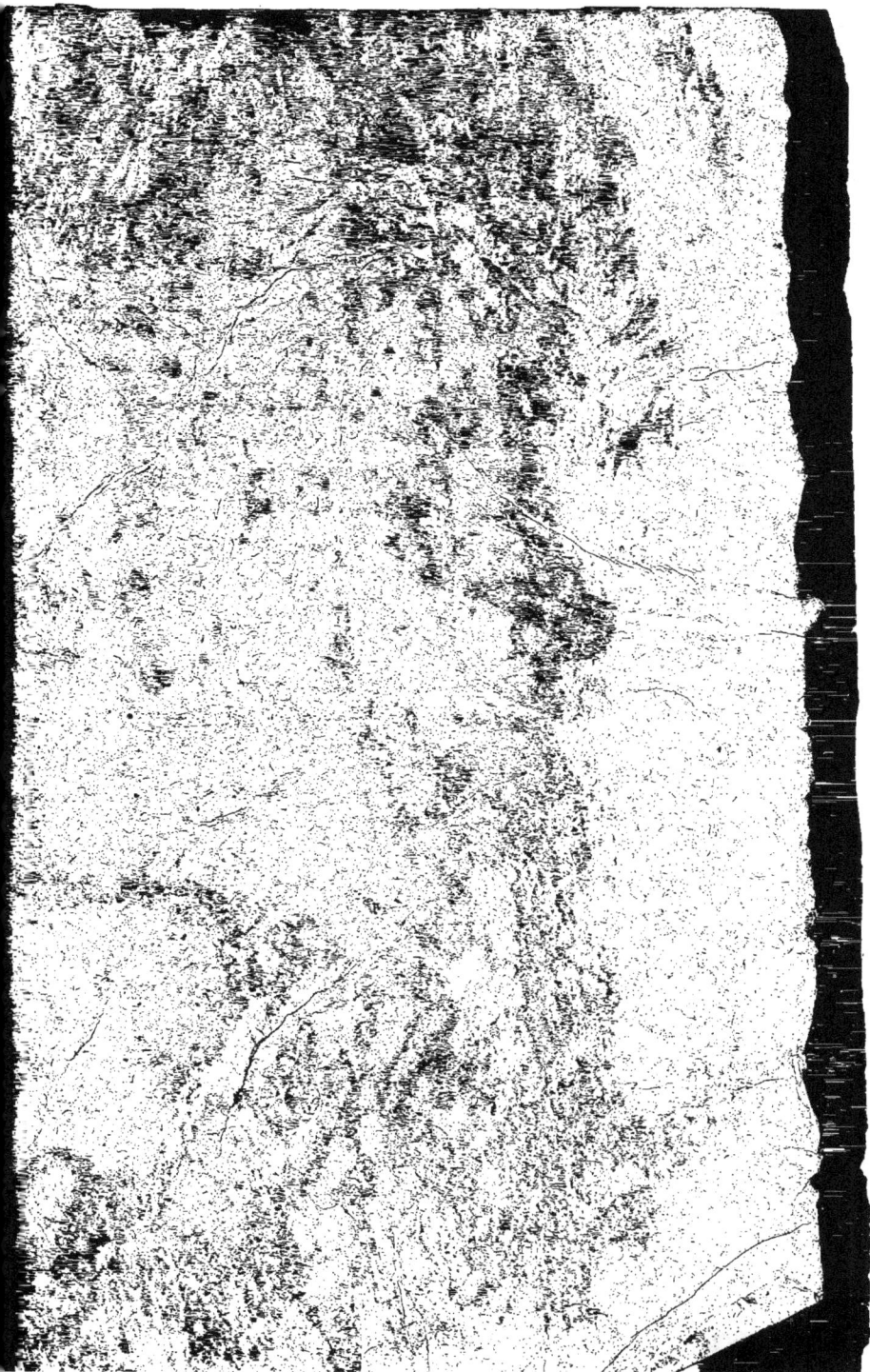

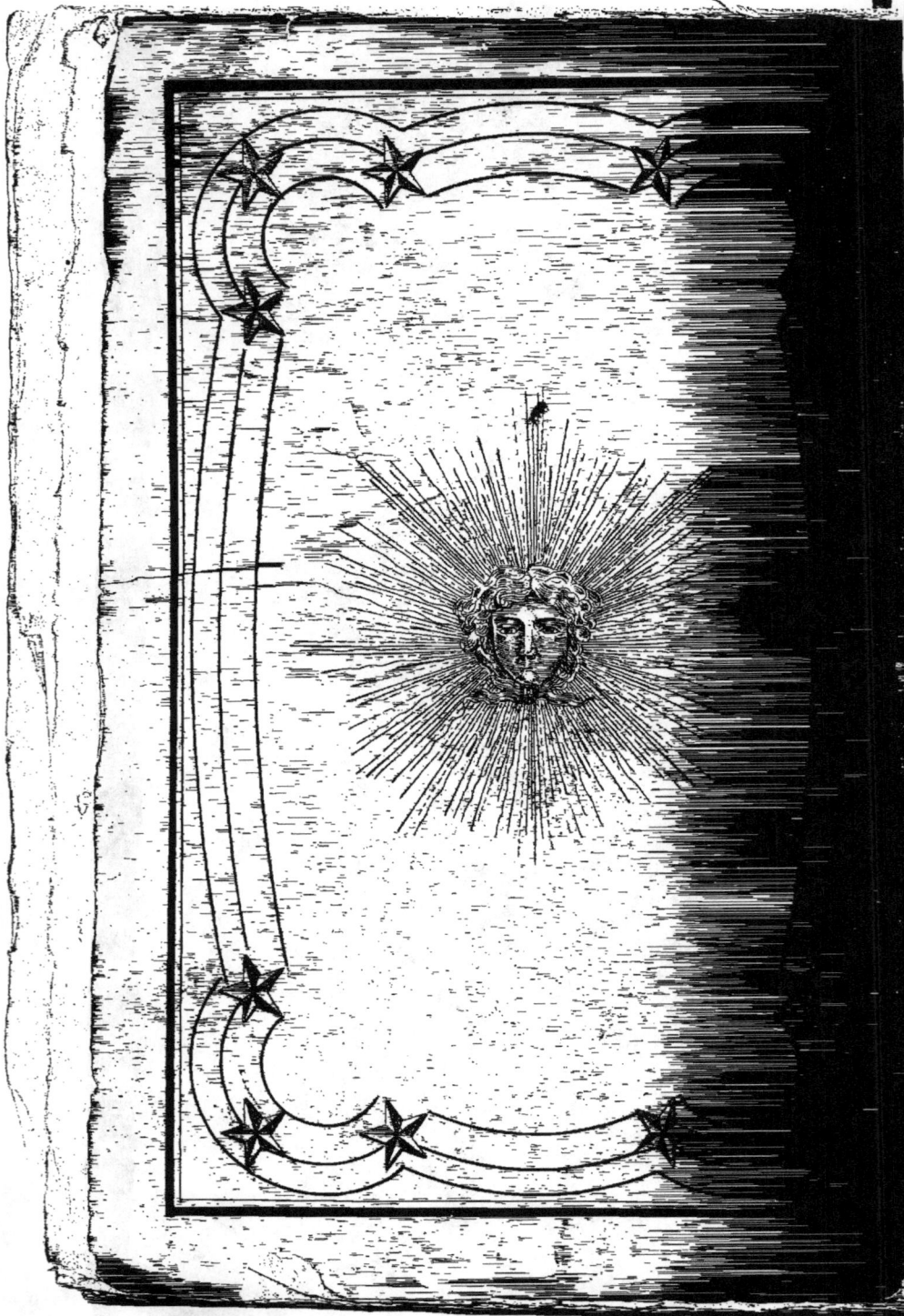